2018 China Interior Design Annual

2018 中国室内设计年鉴（1）

陈卫新 / 主编

辽宁科学技术出版社
·沈阳·

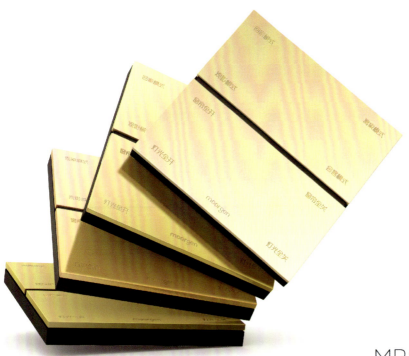

MR8010 series 8 key smart panel

MR8010系列 德国摩根8键智能面板

德国摩根智能面板
荣获德国iF设计大奖

GERMANY MOORGEN SMART SWITCH

德 国 摩 根 智 能 家 居

德国摩根智能遥控器
荣获德国红点设计大奖

GERMANY MOORGEN SMART REMOTE

We strive to make every process of each detail in high accuracy. It's amazing that mq8036 series products have All-in-One property as well as its high accuracy and fancy. Apparently, its fancy is based on its advanced technology

reddot design award
winner 2018

目录

办公 OFFICE

大象群文化传媒办公空间	006
神州优车集团新总部	010
"未完成"的空间	014
中原地产（深圳）总部	018
北京陌陌影业	022
春之树总部	026
幸福码头 8 号楼空间改造	030
华德会计师事务所香港总部	034
银德投资控股有限公司总部	038
米茜尔（北京）总部办公室	042
USPACE 共享办公	046
南京证大喜玛拉雅中心办公样板间	050
深圳启迪协信科技园办公楼	054
MONOARCHI 度向建筑办公室	058
白马广告公司总部	062

餐厅 RESTAURANT

海底捞西安印象城	066
成都宴	070
眉州东坡酒楼上海中心店	076
雁舍	080
重庆秋叶日本料理	084
肴约餐厅	088
重庆美丽厨房	092
涵山道极上日料	096
满 日本料理	100
元宝餐厅	104
椰林世界	110
重庆麻神辣将	114
不净素食馆	118
爱搽	122

酒店 HOTEL

莫宅	126
鹭湖半山温泉	130
阳朔 Alila 糖舍	134
三峡国际房车营	142
叠院儿	146
墙垣——青普扬州瘦西湖文化行馆	150
大理拾山房精品酒店	156
大理海纳尔·云墅酒店	160
协作胡同胶囊酒店	164

装载记忆的货柜	168
齐云营地景区树屋	172
石梅湾威斯汀度假酒店	176
飞鸟集创想酒店	180
不见山客栈	184
希尔顿欢朋酒店	188
杭州湾湿地铂瑞酒店	192
漫心北京前门四合院酒店	198
树蛙部落	202

苏州 UEP 瓷砖展厅	206
深圳融创·创智谷展厅	210
上海 LEICHT 展厅	214
751 时尚买手店	218
ROARINGWILD 壹方城店	222
写意空间	226
宝龙创想实验室	230
青岛和通行汽车生活馆	236
峡谷之墟——UR 上海旗舰店	240
C19 厂房改造	246
中国联通智慧生活体验馆	250
明日世界设计中心	254
IMOLA 陶瓷展厅	260
MINZE-STYLE 名师汇	264
金融城艺空间	268
摩根智能家居展厅	272
WECOTURE 高级定制	276

帕特艺术留学中心	280
童心塑造玩趣空间	284
金易金箔艺术文化馆	288
间离剧	292
苏州礼堂	296
三区美术馆	302
保利 WeDo 艺术教育机构	306
广州美国人国际学校	310
东莞永正书城	314
黄山市城市展示馆	318
上海喜玛拉雅美术馆藏宝楼	322
桃李春风幼儿园	326
星夜向日葵馆	330

▶ OFFICE 办公

大象群文化传媒办公空间
ELEPHANT PARADE CULTURE MEDIA

设计单位：寸DESIGN
设 计 师：崔树
建筑面积：4100 ㎡
主要材料：毛竹、水泥板、秋香木
坐落地点：北京
完成时间：2017 年
摄　　影：王厅、王瑾

大象群有句话：引领新传播时代的力量，源自永不停息的创意灵魂。作为一家以数字整合传播见长的公司，开放性和多元融合文化，也让我们在它的空间结构设计初期就以开放性以及高度的人性化的设计构思，加上富有奇思创意的美学构想不断地渗透到设计之中。

随着时间的推移，人们开始厌倦钢筋混凝土的"森林"与闪着眩光的镜面玻璃，更多的是对贴近生活的材质温度的追求，我们将竹子的元素运用在此，并还原其本身色彩。艺术必须出自于大自然，因为大自然已为人们创造出最独特美丽的造型。

1: 一层休闲区
2: 一层仰视
3: 二层局部
4: 拾级而上

第一层空间我们将单一几何体切割、打散、分离或移动，进行重新组合摆放，但在感觉上能显示和可回归分解前的空间形态。这种手法不仅使大象群办公空间在保持内在形象联系的同时变得像拼图游戏一样生动有趣，而且能解决许多实际的功能问题，如采光通风、动线组织、功能分区等。空间的关系无非就是加减法则。在这层里用到的加法就是在单一体块上附加几个相同或不同几何体共同组成，保持它们主次关系的同时突出空间形象与表现力。而减法却是在原造型上扣挖，掏空，局部切削，形成新的形体并使之适应功能需要，让体块有着更生动的阴影，更具雕塑感。

在大象群办公空间里不但体现出其行业的特性，同时将自身文化和审美价值观给予充分表达。要有一定的领域感和私密性，又与大空间有相当的沟通。这就满足了群体与个体在大空间中各负其职、融洽相处，也是大小体块之间的关系。

1	2
	3

1: 办公区
2: 过道
3: 休闲区

三层平面图

二层平面图

一层平面图

▶ OFFICE 办公

神州优车集团新总部
THE NEW HEADQUATERS OF SHENZHOU UCAR GROUP

设计单位：艾迪尔建筑装饰工程股份有限公司
设计团队：罗劲、张晓亮、莱依、唐哲、李立立、王文惠、李辉
建筑面积：20000 ㎡
主要材料：冲孔铝板、集成材木板、运动地胶
坐落地点：北京
完成时间：2017 年
摄　　影：陈瑶、李明

神州优车集团新总部设计引入了"超级互联"概念。"超级互联"办公系统核心在于：1. 发挥办公空间开放性和包容性，功能高度复合；2. 营造场景化办公方式，激活工作热情，提升创造欲望；3. 搭建高度联通的精神和物理层面的办公环境，促进内部沟通，增加相互联系，通过对于"超级互联"精神探索，整个企业价值观得以充分体现。

项目由原金五星购物广场改造，改造前是一栋三联厂房，建筑十分复杂，外立面被各种违章广告牌覆盖，内部厂房纵深 80 米，采光昏暗，空间凌乱。改造后建筑面积 20000 平方米，整体结构形式为钢架结构，共 2 层，局部有夹层，可容纳近 1700 名神州人同时在此办公。设计时对原有厂房空间进行了自外而内的梳理和改造，建筑外立面保留了原有钢结构框架，整体覆盖黑色镂空钢板，并穿插了两个盒子体量的建筑空间，一层咖啡厅，二层悬挑出来的走廊，通透的玻璃材质让这两个盒子体量的空间就像广告橱窗一样，对外展示着员工忙碌身影。

正对入口处是一个通高巨大中庭，顶部天光倾泻而下，笼罩在中庭的水景上，一帘瀑布自上而下泻入水池。中庭两侧是由铁制和木制集装箱打造的展示会议室，穿插挑出到水面上。建筑首层空间被闸机分成两部分：对外展示接待空间和对内办公空间。闸机后面是一条主要道路，被称为"主街"，整个办公区空间回路就是由这条主街和不同的分支路线构成，它们串起了不同大小、功能、风格空间，而这些空间共同形成了一个巨大的超级互联办公体系，就像大脑神经系统各种信息每天都会通过这个超级系统传递流转。

1：中庭
2：前厅
3：悬挑橱窗

1: 大台阶
2: 休息区局部
3: 办公区
4: 会议区
5: 连桥
6: 乒乓球室

OFFICE·办公

1: 访客接待区
2: 一层空间透视
3: 二层顶部可见户外天空

"未完成"的空间

THE INCOMPLETE SPACE

设计单位：XCoD 与众设计
设计团队：解方、程姜、朱金、陈凡
建筑面积：1600 ㎡
主要材料：聚碳酸酯中空板、脚手架
坐落地点：上海
完成时间：2017 年 8 月
摄　　影：张大齐

UOOYAA 是一家年轻女装品牌，是设计师送给女儿的礼物，希望女生可以保持自由、真实和有趣的本质。项目场地是一个老航天工厂仓库，我们保留了仓库原始框架，仅对原顶面进行了简单修补翻新，同时在厂区整体改造时增加了顶面采光天窗。

在空间局部搭建了二层，并将大部分主要办公区及员工休息区设置在二层，这样员工在办公室就可以通过顶面天窗看到户外天空，感受到阳光洒在座位上的舒适感。同时为了兼顾到一层区域办公及部分会议室的使用，在二层楼板不同区域开了大小不一洞口，并在一层洞口下设置了绿植及围绕绿植的洽谈区。这样在垂直方向上同时满足了一层对阳光的引入及二层区域大型绿植空间介入。考虑到业主不定期活动需求，扩大了前台使用功能性及面积，将前台变成一个可以同时满足小规模访客接待及大规模活动休闲等待及茶水吧台的场所。

空间使用了建筑搭建中常见的脚手架，并将这个模块应用在整个空间中，脚手架在正常建筑搭建中是辅助框架单元，当建筑饰面完成也就意味着它的使命结束。我们希望将脚手架变成空间的主角，因为想让空间呈现出一种未完成状态，这种状态可以让人心生淡泊、保持谦卑，可以让人明确目标，不随波逐流，可以让人心态开放，充满对未知好奇心。

一层平面图

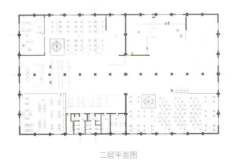
二层平面图

1: 接待台
2: 工作室一角
3: 楼梯
4: 观赏区局部
5: 楼梯
6: 洗手间

▶ OFFICE 办公

设计单位：Peng & Partners
设 计 师：王鹏
建筑面积：8000 ㎡
主要材料：毛毡、地毯、大理石、透光玻璃、金属板
完成时间：2017 年 9 月
坐落地点：深圳
摄　　影：赵宏飞、王鹏

中原地产（深圳）总部
SHENZHEN HEADQUATERS OF CENTALINE GROUP

"盒子"概念贯穿整个设计，通过相减、挤压、镶嵌、堆叠等，对基础的方块进行加工变形，产生不同正相和负相空间，以不同组合方式串联起来满足各种不同功能。盒子的不同开口方向和尺度，呈现出有趣的对比关系和节奏：私密与开放、狭窄与舒张、幽暗与明亮，传达出不同空间情绪。

大厅天花顶部的开孔与立面的开孔相呼应，呈现丰富而有趣的空间构成和层次的延伸感。红色通道尽头的自然光线，透出一丝神秘的气息。每个单独盒子，被赋予简单纯粹的色彩和材质，比如包裹墙面和天花的彩色吸音毛毡，有效降低与其他区域的相互干扰，实现完美的声学效果。人在里面活动时，空间和人的关系，以及人与人的关系变得更紧密而有趣，同时获得一种沉浸式的空间体验，使讨论或工作变得更放松和专注。为了弱化传统办公室的紧张氛围，公共休闲区配置了特别大面积，包括大面积的垂直绿化墙、厨房及水吧，成为员工聚会、休息，或工作交流、头脑风暴的聚集地。模块化的沙发，能实现多变的组合方式，以及满足员工360度全方位无障碍沟通。

1: 红色通道
2: 接待大厅
3: 红色通道
4: 每个单独的盒子，被赋予简单纯粹的色彩和材质
5: 每个单独的盒子，被赋予简单纯粹的色彩和材质

1	4
2	3	5

1：公共休闲区
2：会议室
3：会务中心过道发光玻璃墙
4：极简的造型体块、利落的线条和光线
5：局部

8

By a process of self-discipline and self-control, you can develop
greatness of character.

– Grenville Kleiser

▶ OFFICE 办公

北京陌陌影业

BEIJING MOMO PICTURES

设计单位：PAL Design Group
主创设计：何宗宪、梁景华
参与设计：吴振杰、林锦玲
建筑面积：3600 m²
坐落地点：北京
完成时间：2018 年
摄　　影：张骑麟

影视艺术创造是视觉、思想、情感与想象，PAL 则以空间艺术冲破乏味而规律的办公空间，为北京陌陌影业办公室灌入新视觉，融会建筑设计将室内空间汇入几何线面，开拓无拘束的办公视界，激活思维。

1: 外立面
2: 大厅
3: 过道

一层平面图

二层平面图

三层平面图

室内空间与建筑元素情境而生，几何视觉透过线面构成，天花射灯如同舞台轨道灯，形成不同层次丰富视觉。三角切面及天窗构筑为特殊来宾打造的走廊，大堂两侧是多层次座位，以光线展现线条。开放的互动区减轻工作的疲意，更增加员工间交流机会，中间是偌大多用途空间，无论是内部团队或是影视活动都能提供灵活性及自由度。主通道是楼高两层的楼梯，一整面落地玻璃开扬而舒心，将室外景致及光线饱纳无遗，即使工作再繁重也能过滤心情，激化思维。办公位置贯彻几何元素换上温润木饰及强烈钢材线条，为促进人际之间的互动与交流，开放的工作位置与透明玻璃墙的会议室，使工作具灵活性与自由度，将空间潜力刺激团队的灵感创造价值内容。

地下层宽敞接待区则成了趣味空间体验，黑、白、灰格调，几何条线配合灯光折射形同立体雕塑，加上酒吧及用餐配备能满足不同需求。视觉强烈的剧院乃影视艺术的展示舞台，天鹅绒般的紫色地毯演绎截然不同视觉，对比强烈的灯光加上舒适的沙发，为放映专业电影而塑造。灵活与沉浸式的工作空间，激发专业的创意工作者，从建筑至室内，大胆而脱颖。

1: 办公区
2: 楼梯区
3: 办公过道
4: 休闲区
5: 剧院

▶ OFFICE 办公

春之树总部

CHUNZHISHU HEADQUATERS

设计单位：深圳挚中室内设计顾问有限公司
设 计 师：林青华
建筑面积：800 ㎡
主要材料：仿清水泥地砖、复合木地板、水泥复古漆
坐落地点：广东中山

甲方是一家新型社区医疗连锁企业。针对其办公总部空间设计，甲方要求素雅宁静、舒适健康。按照甲方需求，整个总部空间需容纳80人左右，其中分上下两层，一层含接待前厅、会客区、展示区、多功能路演大厅，开放办公区等。二层主要是管理层及负责人办公区域。

总体布局以开放式为主，独立房间之间设置渐变玻璃，减弱封闭感，增强空间亲和力。整体空间色调、氛围始终以现代简约的LOFT开放空间形式打造，同时融入现代东方美学元素。其中挑空大厅和路演大厅天花吊灯造型，设计灵感来自于"叶子"，希望通过抽象艺术化符号，使人、空间、品牌形象之间产生一种关联性。

空气、光线成为主要考虑设计因素，如何运用环保和低造价方式来营造舒适、自然、高效的办公环境成为本案设计师要解决的主要问题。

二层平面图

一层平面图

1	3
2	

1: 会客区
2: 过道
3: 前厅区域

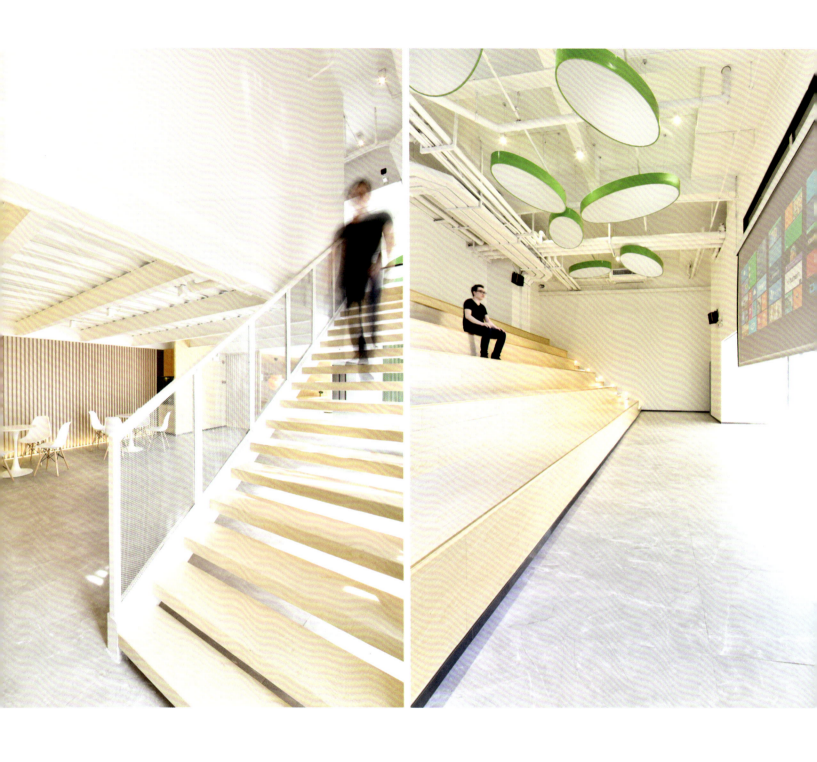

1｜2｜3｜4

1: 楼梯间
2: 多功能会议室
3: 小会议室
4: 副董事长室，通过凸窗可以楼上楼下互动

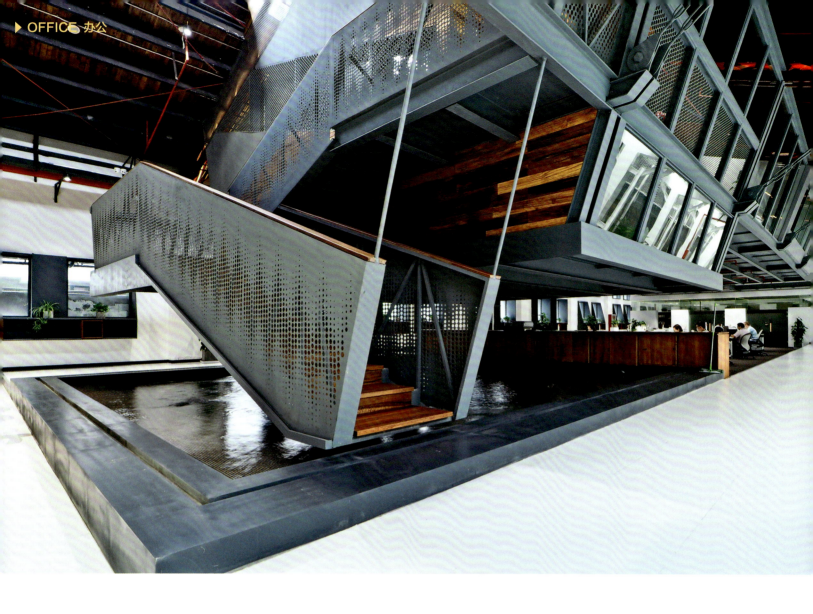

幸福码头 8 号楼空间改造

8TH BUILDING OF THE DREAM WHARF

设计单位：杜兹创作研究中心
主创设计：钟凌
参与设计：Arnaud ROSSOCELO、万涛、胡颖祺、董锋、陈晓峰、
方向、张茂明、施望刚、汪可、张文杰
建筑面积：2022 ㎡
主要材料：钢板、白色亚光釉面砖、木板
坐落地点：上海

项目位于上海中山南路 1029 号幸福码头时尚创意园内，建筑始建于 1969 年，前身为上海幸福摩托车厂校车车间。业主为热爱运动的 80 后年轻人，希望在老厂房大空间大层高条件下，除满足办公需求，还要有一个室内足球场以及配套健身空间。设计师巧妙地将结构加固和悬浮办公的概念结合在一起，缔造出符合业主需求的办公 + 运动 + 创意的新空间，为老厂房注入了新的活力。

底层大空间一部分利用地坪高差作了下沉式处理作为开放式办公区，另一部分是室内足球场及员工休闲区，二层是大会议室及高管办公室。屋顶部分顶面木质结构全部保留，墙面漆成白色，地面白色亚光釉面砖。视觉上，整个二层办公区像一艘悬浮的"战舰"正对主入口，拾级而上钢结构楼梯配以黑色穿孔钢板栏板、暗红色钢梁及屋面木板相得益彰，凸显出工业风格的冷峻气质。

1 | 2
  | 3

1: 钢结构楼梯
2: 前台
3: 地心引力水池

1: 一楼办公区域
2: 二楼高管办公室悬浮桌面
3: 茶水间

为提高空间利用率，需加设二层办公区，设计师利用结构加固契机，将二层办公悬吊于加固的屋架之下，悬吊的二层为屋架增加了额外荷载，因此在人字屋架梁端支座做了相应加固处理：砖柱支撑外包型钢，砖柱基础加固受压面积；牛腿支座增加钢立柱支撑。正是由于二层办公空间悬浮在半空中，因此底层无柱，既节省了打桩等基础费用，又保证了底层办公空间的通透性和灵活性。

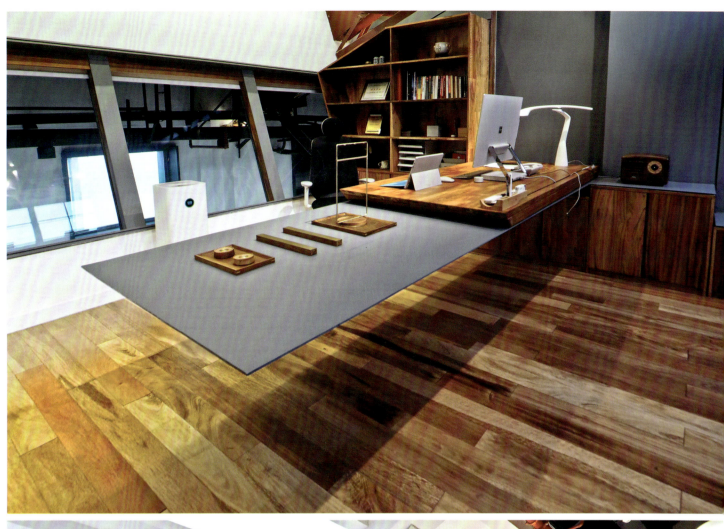

华德会计师事务所香港总部

HONG KONG HEADQUATERS OF HUADE ACCOUNTING FIRM

设计单位：维斯林室内建筑设计有限公司
主创设计：廖奕权
参与设计：袁炜骏
建筑面积：470 ㎡
主要材料：白色金属框架、镜面不锈钢、云石、木材
坐落地点：香港尖沙咀
完成时间：2017 年 10 月
摄　　影：廖奕权

华德会计师事务所香港总部设计概念以白色框架喻意专业可信度。接待处前白色框架墙让人耳目一新，棕色地毯，营造纵深效果，天花板镜面设计使框架无限伸延。空中飘浮的青苹果，亦是客户的品牌信物，象征健康活力。等待会客区座位同样采用白色框架，蓝色坐垫，呼应品牌 LOGO 颜色。整个空间具有浓浓的艺术气息。

1: 接待处
2: 棕色地毯,营造纵深效果

1: 会议空间
2: 等待会客区
3: 细节
4: 细节
5: 可旋转墙面，灵活运用空间

银德投资控股有限公司总部
YINDE INVESTMENT HOLDING GROUP HEADQUATERS

设计单位：深圳市序向室内设计有限公司
主创设计：林城、黄学坚
参与设计：李健行、吴晓雄、陈沁枚
建筑面积：2000 ㎡
主要材料：盘古灰大理石、意大利灰大理石、科定板岩
坐落地点：深圳
完成时间：2017 年 10 月
摄　　影：绿风摄影、陶向阳

银德投资控股有限公司总部位于深圳南山区粤海街道海滨路与海德三道交汇处，是一家战略性新兴产业项目投资公司。客户希望办公室区别于传统办公空间，是一个具有品质家居一样而富有时尚艺术气息的简约品味办公空间。

序向设计主持了整个项目的室内空间策划以及陈设布置，为客户提供了一个空间层次深远，稳重而富有格调的现代办公环境。空间格调以稳重的中性灰为基调，墙面大面积的板岩直纹科技饰面板结合青古铜的精致工艺收边，块面体块利索而不失细致；合适的比例划分增添了几分优雅，深灰色的 interface 模块地毯使得空间沉稳而富于质感，黑白灰系天然大理石的运用使得办公区展示适度的奢华，陈设上色彩丰富的艺术挂画和艺术品是空间精彩的点缀。

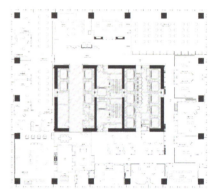

平面图

| 1 | 2 |
| | 3 |

1: 商务接待会议室
2: 前台
3: 接待前厅一角

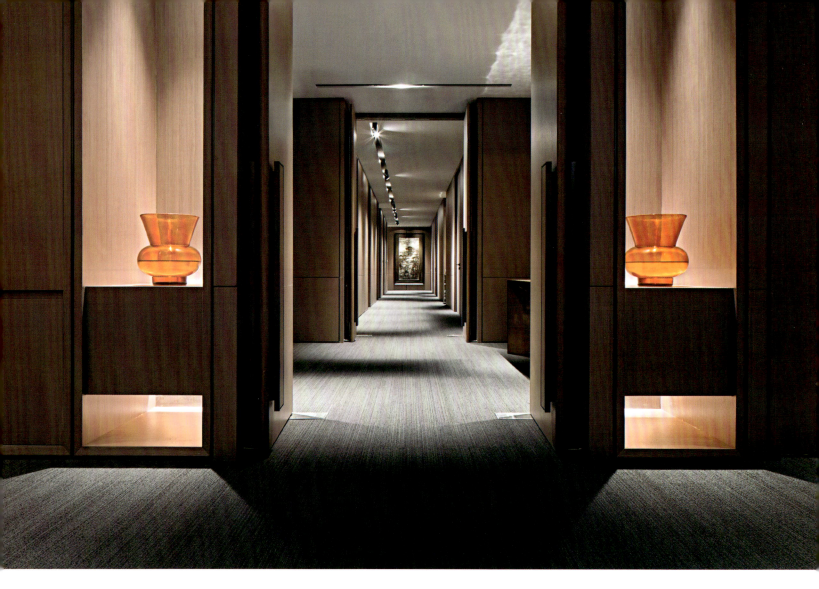

1	3
2	4

1：回型过道
2：会议室
3：董事长办公室
4：董事长办公室

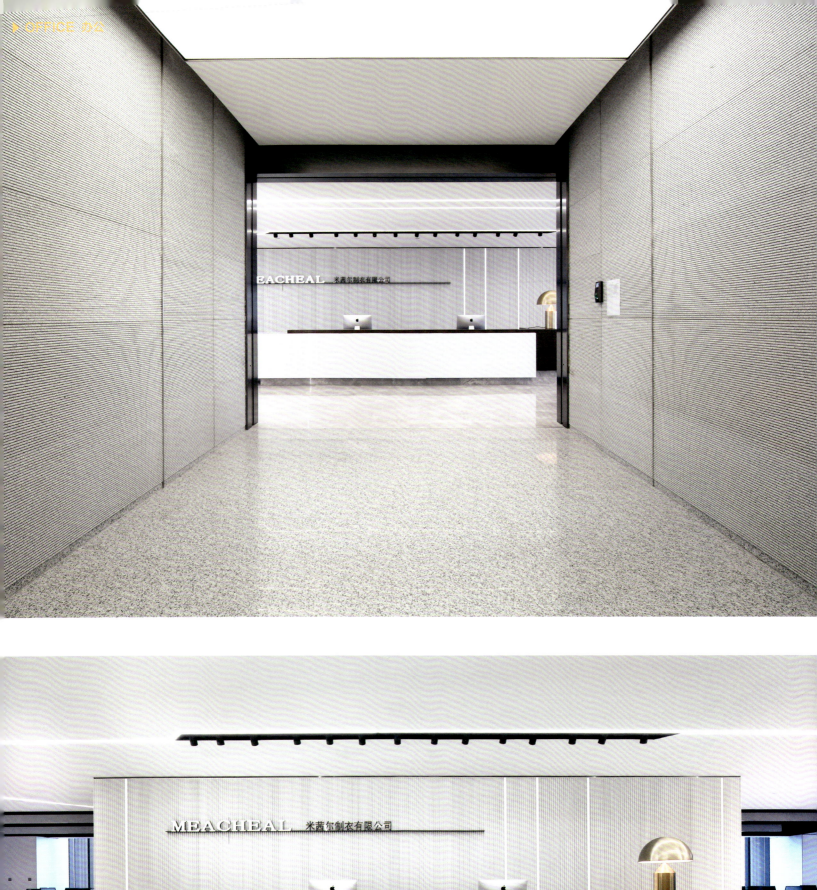

米茜尔（北京）总部办公室

MICHAEL BEIJING HEADQUATERS

设计单位：上海亚邑室内设计有限公司
设 计 师：孙建亚
建筑面积：1474 m²
主要材料：黑钛拉丝不锈钢、大理石、地板、橡木饰面
完成时间：2017 年
坐落地点：北京
摄　　影：孙建亚

MEACHEAL，一个年轻时尚的服装品牌，集优雅时尚、简洁经典元素于一身，锁定人群是具备一定艺术素养和人文气息的时尚人士，懂得品味人生，喜爱享受精致化的生活。本案设计初始，设计师就决定不使用过多复杂的造型以及多余的隔间。利用企业形象色"黑和白"对空间切割并凸显分区，从而产生对撞的视觉感，引入通透充足的户外光，再使之重新融合。使用大面积数组的铝制百叶作为前台背景墙，给纯白的空间增添工艺和细节，几条简洁竖向灯带增添品质和精致度。

接待区长条悬空式吧台，成为接待区与办公区的自然屏风。从墙面连接到顶部的 LED 灯带，创造了空间三维立体感，光带将空间延续后再切分，并适当的补充空间中光线的不足。干净硬朗的线条，切割并划分出开放空间所需要的接口分区，白色 LED 灯带产生无界线的空间延伸的视觉效果，局部黑色吊顶像是剪影般强烈雕刻在空间维度。满足空间使用功能的条件下，最大限度减少造型和材料使用。

1	3
2	4

1: 入口
2: 接待区长条悬空式吧台
3: 过道
4: 接待区局部

1: 办公区
2: 会客室
3: 办公区
4: 会客室细节

▶ OFFICE 办公

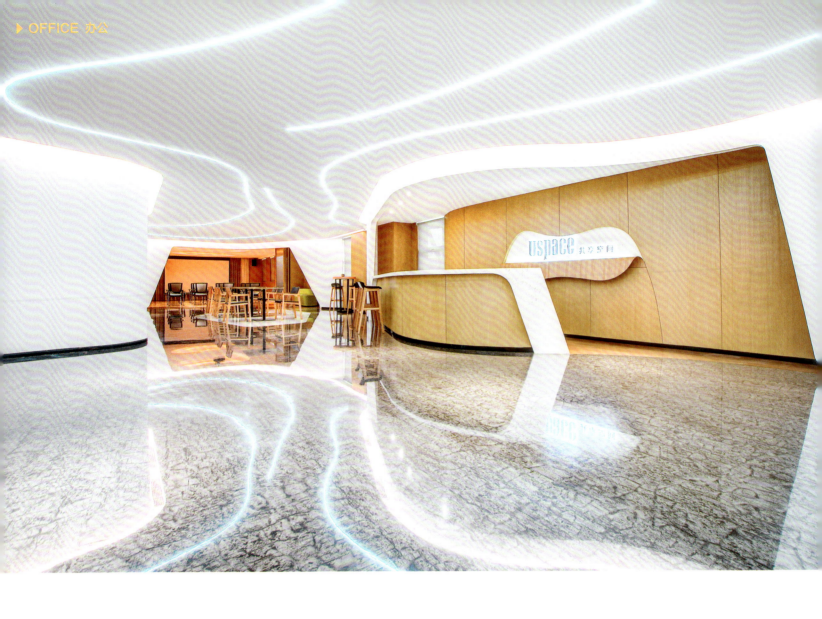

USPACE 共享办公

USPACE CO-WORKING SPACES

设计单位：阔合 CROX
设计团队：林琮然、李本涛、倪振华、付安权、刘丹、段美晨、余杭杭、魏思源
建筑面积：430 ㎡
主要材料：木材、黑铁板、玻璃、大理石
坐落地点：山东临沂
完成时间：2017 年 8 月
摄　　影：王基守

设计师将商务楼的 M 层改造为"办公＋生活"共享空间，宣告临沂新共享经济时代的来临，带来了城市的变革。设计师在项目切入初始，在基地边上王羲之故居找寻灵感，感受历史与现代的碰撞、宁静与繁华的交界，提出以"洗砚流淌"为设计构思，借由墨水晕染池水的自然渐变为纹理，形成空间整体开放布局基底，营造自由书写的空间型态，在一个相互连通的完整场域，形成不同功能的个性化空间，同时保障了分享功能的连续性。

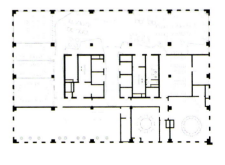

平面图

1: 前台
2: 会议区
3: 会议室

利用水感为空间的主要特征，让墙体展现一种平滑连续的设计，流动的立面巧妙切换内外光的交互作用，光线晕染了整片白色弧墙，投射出或深或浅的阴影，呈现出光影变化，随着时间这里仿佛有了通透游走的灵魂，让年轻的生命在此感受真正的自由。设计上利用温润的木、白色的墙、深浅的石材，以曲线在空间糅合并存，人在空间灵活移动，随性停留在散布的座椅，在动静之间，创造出其独有的韵律节奏，不同工作时态都能进退皆宜，不同大小会议区也提供不同想象的生活场景。USPACE 多功能室以弹性隔断的灵活与整体空间切分，满足不同活动功能，开放格局与共享服务相结合，使空间可以是时尚派对、展演活动、网红客厅、IP 咖啡，有效联结不同行业族群，搭建起一个多样且能相互合作的平台。

1	3
2	4	5

1: 商务咖啡区
2: 过道
3: 多功能厅
4: 多功能厅商务咖啡区局部
5: 多功能厅局部

OFFICE 办公

南京证大喜玛拉雅中心办公样板间

NANJING ZHENGDA HIMALAYAN OFFICE SAMPLE ROOM

建筑设计：MAD建筑事务所
室内设计：集艾室内设计（上海）有限公司
主创设计：黄全
参与设计：李伟、袁俊龙、黄朝辉、董国梁、唐盼、蒋亿中、杜美琴
坐落地点：南京
完成时间：2017年8月
摄　　影：三像摄张静

本案样板房是互联网金融办公空间。室内设计沿用原建筑"山水城市"概念，配合技术创新与改造，构筑一个都市中的逆世界，天花顶部似水，墙面线型为山，地面像漂浮着的云朵图案地毯，各种元素融入生态、生命力与情感，打破原有室内空间形态，打造逆空间的视觉效果。

还未入门先闻其风采，具有装置艺术气质的接待台与顶面"水"、地面"云"、墙面"山"定格为一幅唯美画卷。运用镜面代替水的质感，植入抽象化山形元素，两者相互融合，使其呈现出跳脱于物质形态的山水寓意。工位设置在临窗位置，光照充足，营造出良好办公环境，从文化角度看，设计植入创新理念，营造多个可随时讨论的空间。设计从人性关怀出发，设置健康工位和多功能氧舱来关注员工身心健康。经理室融入会议功能，提高会议效率的同时大大节约了功能空间。

1	
2	3

1: 前台区
2: 接待台
3: 围合式会议区

1	3
2	4

1: 办公区
2: 办公区
3: 办公室局部
4: 高层办公室

OFFICE 办公

深圳启迪协信科技园办公楼

OFFICE BUILDING OF SHENZHEN QIDI XIEXIN SCIENCE PARK

设计单位：于强室内设计师事务所
设计团队：于强、伍肇伟、韩瑞
软装设计：沃屋陈设
建筑面积：600 m²
主要材料：波龙地毯、像木饰面、白色铝板、布艺软包
完成时间：2017 年 10 月
坐落地点：深圳
摄　　影：金啸文

流动、交互、多模式的弹性绿色办公空间是本项目主要设计朝向。通过空间调度，模糊各个工作区域间的界限，实现个人工作与团队工作模式的自由切换同时，打造即开放又不乏私密性的办公区。交通流线与区域划分一目了然，开放区域用于分享与讨论，独立空间划分区域，添加独立办公私密性，几处玻璃与木围合的半开放空间，用于多种办公模式。除此之外，曲线与直线在空间共存，线条的形式感使办公室充满现代化与创意十足，视觉上极大满足了客户营销诉求，构建来人第一感性认知。家具配饰材质与鲜明色彩搭配也很巧妙，既要迎合整体氛围，又要柔和线条形式感打破可能过于僵硬的格局，再辅以灯光渲染，至此，设计师与客户两者对整个办公空间之所想就此而成。

1 | 2
　 | 3
　 | 4

1: 开放办公区
2: 接待台
3: 开放办公区
4: 开放办公区

平面图

1 | 3
2 | 4

1: 半封闭交流区
2: 水吧
3: 会议洽谈区
4: 半开放休闲洽谈区

MONOARCHI 度向建筑办公室
MONOARCHI DUXIANG CONSTRUCTION COMPANY OFFICE

设计单位：MONOARCHI 度向建筑
主创设计：宋小超、王克明
建筑面积：90 ㎡
主要材料：OSB、钢筋、清水混凝土
坐落地点：上海
完成时间：2018 年 5 月
摄　　影：邱日培、宋肖澹

平面图

MONOARCHI 度向建筑办公室位于小区内部一栋三层别墅的首层中。我们最初接触这栋房子时就决定对原有建筑室外和室内结构格局不做任何破坏与改变，尽可能保留历史这份厚重感。我们需要在这小型空间创造出工作室以及与建筑相关展示空间需求。首先是精简，剔除居住功能；然后在主要办公区中部植入展览空间，以满足不定期小型展览需求；通往会议室的过道加宽形成为评图区域；会议室与小型图书馆混为一室；原有卫生间和淋浴隔墙被打开，转换为模型室、材料室和打印室。

1	2	1: 中轴线
	3	2: 会议室夜景
		3: 展览区

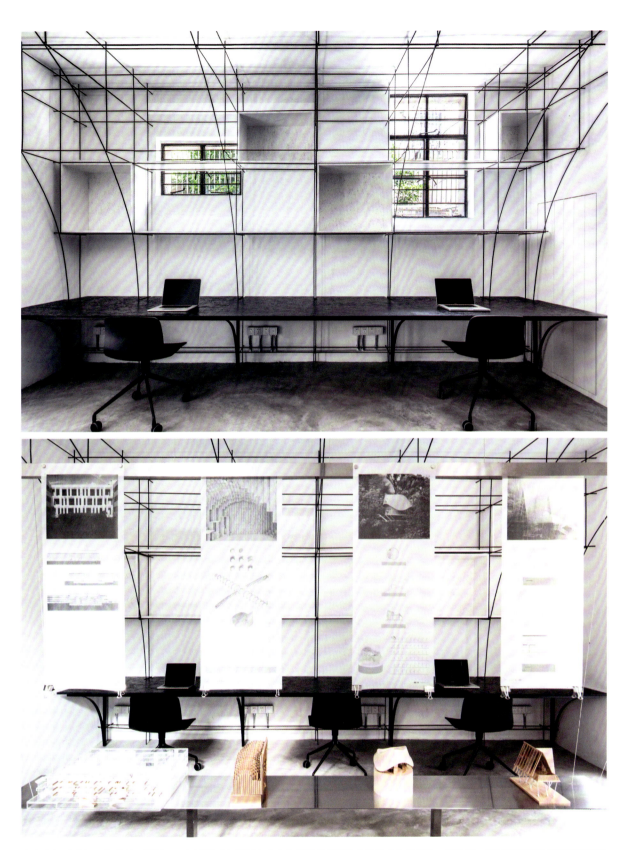

室内空间形式处理上采用了拱形，一方面是对本街区内老上海法租界最具特色的拱廊和拱门的一种致敬。不同尺度拱形界定出了不同空间，大拱顶的工作空间，半拱顶的会议室，以及不同功能空间之间作为过渡的小型拱廊。材料选择上我们关注的是材料对空间的塑造能力和对空间的复合利用能力。黑色螺纹钢的可塑性勾勒出拱的形态，钢材与磁石的结合使展览可以布满整个空间；办公室入口，评图廊道和转换廊道这些穿越式空间使用清水混凝土，它的厚重使这几处空间获得了我们钟爱的仪式性。拉丝不锈钢的可被精确塑造的能力和微弱的反射能力，使构造细节得到保证。

1	3
2	4

1: 廊道
2: 通向模型室的拱门
3: 办公桌
4: 悬挂图板

▶ OFFICE 办公

白马广告公司总部
BAIMA ADVERTISING COMPANY HEADQUATERS

设计单位：安徽松果设计顾问有限公司
设计师：曹群、赵琳
建筑面积：2400 ㎡
主要材料：大理石、钢板、水泥、青瓦
坐落地点：安徽合肥
完成时间：2018 年
摄　　影：金啸文

"光，本是佳美的；而眼见日光也是可悦的。"光是建筑与设计不可或缺的素材，人类亦不断追求与光的交流感受，本案旨在实践与表现这一主旨。白马广告公司总部位于合肥市金中环广场顶层，出于功能需要，对空间进行了扩建和改造，设计中的思考主要集中于光线在空间中的表现。首先拆掉入口处原有楼板，建立一二层相连的中空接待区，形成完整空间体系。二层四角设计了四个不同主题的空中花园，使得室内室外收放有致，充沛的自然光可以从屋顶投到室内。内部空间构成和装饰色调都极其简洁，营造出更加纯粹的空间特质，钢板、水泥、木材的应用充分展现出自然特性，作为材料的光与相随的阴影丰富了空间内容，表现了明亮剔透的晃动之美。光使室内物体能随时光转移展现出精彩曼妙的变化，赋予空间不同气氛，纯净与极简在阳光下显得更加精巧与壮丽。

二层平面图

一层平面图

1	2	1：接待台
-	3	2：接待厅局部
		3：一层空间透视

1	3
2	4	5

1: 二楼
2: 楼梯
3: 二楼墙面光影
4: 二楼走道
5: 办公室局部

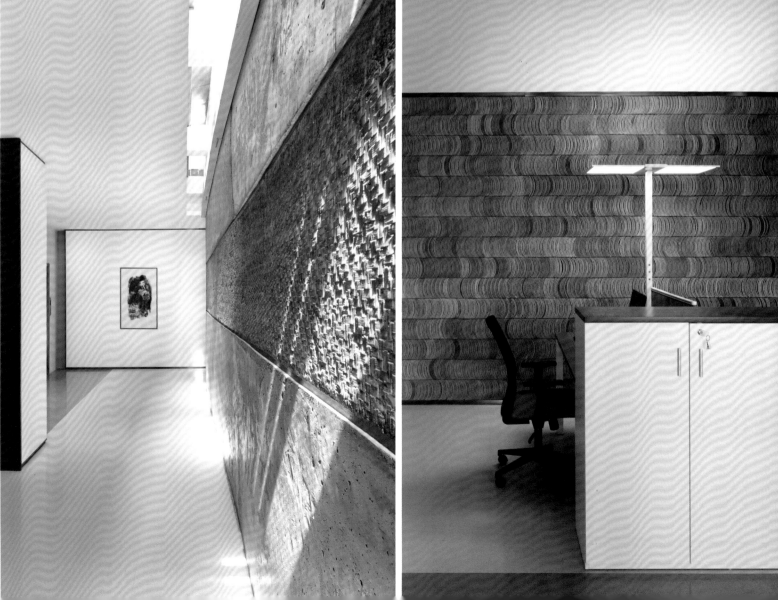

RESTAURANT 餐厅

海底捞西安印象城
HAI DI LAO HOT POT OF XI'AN INCITY

设计单位：汤物臣 · 肯文创意集团
主创设计：谢英凯、罗卓毅
参与设计：余江埕、朱文聪、李莉、宋玥宸
建筑面积：1144 ㎡
坐落地点：陕西西安
完成时间：2017 年
摄　　影：黄早慧

中国知名连锁火锅品牌海底捞近年开始了店铺升级计划，期望以时尚创新的室内设计颠覆食客对传统川式火锅店的老派印象，为人们带来全新消费体验。简单精致的布局和黄铜的多元使用是本项目设计主线。设计师利用黄铜元素制成餐厅隔断、餐椅支架以及天花造型等，让整个空间形成呼应。象征火锅文化的元素也巧妙融入到餐厅之中，球体造型顶灯灵感源自火锅汤底煮开后不断冒出的泡泡，还有墙面上的烟雾纹理，轻盈的纹理图案，让火锅店的烟雾缭绕也变得温柔。餐厅共设有 426 个座位，不同材质的碰撞，加之色彩与线条的演绎，使整个空间产生了一种精致的秩序感。设计师希望来到这里的顾客都可以感受到品牌传递出的"放慢脚步，感受美食"的生活态度。

1	3
2	4

1: 店面装置
2: 局部
3: 餐饮过道
4: 包房

1: 天花造型重新划分空间
2: 吧台式座位

平面图

▶ RESTAURANT 餐厅

1: 门厅
2: 休息区

成都宴

CHENGDU BANQUET

设计单位：内建筑设计事务所
艺术品设计：庞喜
建筑面积：1200 ㎡
主要材料：铜、黑金沙、玻璃、地毯
坐落地点：成都
完成时间：2018 年 4 月
摄　　影：肖波

"成都宴"设计师沈雷，是一位具有独特设计思想和文人气质的设计师，二十多年前当他第一次来到成都时，就对这座偏安于西南一隅的城市有了让人诧异的准确把握。那时的成都芙蓉花遍地生长，气候阴郁使生活的细节、环境的优雅隐没在暗调之中，没有明确的符号、没有张扬与狂放，富贵与贫穷安之若素。在"成都宴"的空间设计之中，他用对成都的人文理解转换为空间叙事，为我们讲述了在当代语境中的成都意境。于是，芙蓉花、空间的纠缠、交错与闭合，让阴影笼罩住本来可以外显的精细与质地，成为设计师构思"成都宴"时构想的空间意象和希望传达出来的"成都诗意"。

进入"成都宴"接待大堂，我们立刻就被空间散发出的气质所吸引：圆弧形接待台精致傲然却又不失亲和的意趣，黑色马毛制成的护墙板在柔弱灯光反射下，呈现出不可操控的、被曼妙的灯光折射后的灰黑，犹如黄昏氤氲的山色晕染，在柔软中引导我们前行。天花顶面灰镜反射出暗淡的空间环境色和绚烂的点点灯光，反射材料的泛白与炫目消失了，取而代之的是深邃朗阔的空间幻象，安详而深远；黑色地毯上硕大无边的一朵芙蓉花，妖异的粉红色优雅绽放，延伸至餐前等待厅，让人感受到无声的热烈与隆重。

夜宴的奢华、时尚与颓废的美用这样不期而遇的姿态在这里掀开。大厅的路径时而交叉、时而聚合仿如迷宫，如同传统与当代迷离、叠印与交错，时间的边界在"暗静"中消失得无声无息，只留下徘徊在空间中的静谧与美好。沿着游走路径形成的大厅、卡座和包间交织在一起，关系复杂而虚实相间，回溯与展望遥相呼应，通畅与阻断变化多端，不同区域以自己的逻辑形成对称，在整体空间中形成不凌乱、不冲突的符合逻辑话语，空间在灵动中自然舒展地生长。

平面图

1|2|3　1: 圆弧形接待台
　　　 2: 服务区长廊
　　　 3: 就餐区

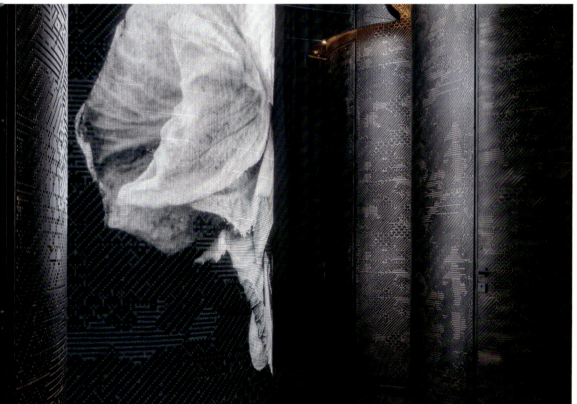

1 | 2
——
3 | 4

1: 卡座
2: 包厢区
3: 公共区墙面细节
4: 空间局部

▶ RESTAURANT 餐厅

眉州东坡酒楼上海中心店

MEIZHOU DONGPO RESTAURANT
SHANGHAI CENTRE

设计单位：经典国际设计事务所
设计团队：王砚晨、李向宁、王梦思、鲍峰
建筑面积：576 ㎡
坐落地点：上海
完成时间：2017 年 4 月
摄　　影：张静

设计师通过对东坡文化的反复探究和体悟，从传统文人雅士的顶级聚会中寻找灵感。一千年前，东坡先生及北宋文坛巨擘在《西园雅集》中所呈现的雅致考究的文人风貌，亦是现代社会所崇尚的生活方式。铜质的围屏将就餐区域巧妙分隔，围合出一处处别具雅韵的私密空间；淬炼古人精致的生活意境，案、几、榻、竹、梅、松、石、廊、窗、园……运用当代摄影艺术手法展现宋画气质，与精致细腻的铜丝垂帘虚实相生，共同描绘出一幅当代文人的西园雅集画卷，游走于空间之中，隽永清秀，极具古韵今风。三五好友相聚，长桌群友团坐，置身其中，恍若与千年前的文学大家举杯畅饮，吟诗作赋，共享人间乐事，再创时尚都市的当代摩登雅集。

1：就餐区
2：餐区局部
3：过道
4：过道

1 | 2 | 4
  | 3 |

1: 餐区
2: 餐区
3: 包房
4: 休息区

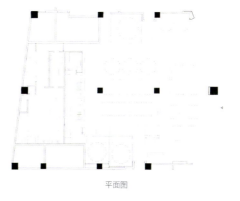

平面图

▶ RESTAURANT 餐厅

雁舍

YANSHE

设计单位：古鲁奇公司
设计团队：利旭恒、赵爽、郑雅楠、马冬洁
建筑面积：280 m²
坐落位置：北京
完成时间：2018年
摄　　影：鲁鲁西

雁舍，顾名思义大雁的家，一语双关，也暗指人们栖息生活场所。大雁归巢，游子回家，大雁归巢是雁之本能，游子回家是人之本性，这就是"雁舍"名字由来。中国人自古以来就有内敛的性格，炎黄子孙向来是一支勤劳善良的民族，所以从秦朝以来我们不断地建设万里长城来防御异族入侵，那么无论是万里长城，还是故宫紫禁城，乃至四合院，空间上都是一种围合内向型空间，当然四合院从气候有防止风沙作用。雁舍场地结合功能正好符合四合院空间特点，吧台设计代表倒座房，后面三组圆卡座代表正房，左边两组长卡座代表着西厢房，右边厨房和两个包间代表东厢房。很多事情都是可遇而不可求，雁舍空间设计遇上老北京四合院，院子中间几棵树便成了空间点睛之笔。鸟巢设计是后加上去的，现在想来有些多余，很多事情需要点到为止，如果能给人更多想象空间岂不更为美好。当你来到雁舍时就会被她的味道所融化，不是剁椒鱼头，也不是肉汤泡饭，只是因为她能够成为你心灵的栖息之地。

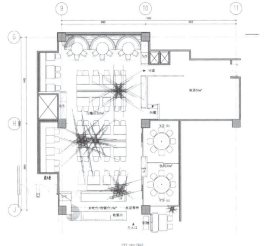

平面图

1/2

1: 入口
2: 树与鸟巢

1: 三组圆卡座
2: 包厢
3: 屋顶鸟巢
4: 包厢
5: 餐区

RESTAURANT 餐厅

重庆秋叶日本料理

CHONGQING QIUYE JAPANESE CUISINE

设计单位：李益中空间设计
主创设计：李益中、熊灿
参与设计：范宜华、黄剑锋、欧雪婷、麻美茜、叶增辉、林清、王群波、胡鹏
建筑面积：400 ㎡
主要材料：斧剁石、户外木地板、锈铁板、钢拉网、素水泥
坐落地点：重庆
完成时间：2017 年

这是一个令我特别兴奋的项目。我大学是学建筑学的，但大部分时间在做室内设计，当一看到这个破旧小房子时，环境直觉告诉我，可以赋予它新生命。

我和设计师围绕着这个老房子转了好多圈，观察它与周边环境关系，回到深圳公司迅速画了草图，一气呵成。餐厅入口选在东边，拾级而上。东边原来有 5 棵树，我们保留了 3 棵大树，拔掉了 2 棵小的，在地台上加建了玻璃房，设置入口玄关及两个包间，大树穿插在两个玻璃包间之间。对于主体建筑我们希望修旧如旧，保留其坡屋顶及砖墙质地。但主体空间原来比较矮，感觉比较局限，我们建议整个屋架整体抬高 50 厘米，以获得相对舒适空间感受。

1	3	
2	4	5

1：外观
2：屋顶花园
3：包间
4：包间
5：食品展示区

我们用尽各种办法去裸露并表现木构屋架的韵律之美。基地西侧有一个老的工业厂房,体量较大,与老房子有7米间距。这边我们设计了一片混凝土墙以阻隔对面老厂房的视线,同时设置了三个内向的小包间和一个天井。天井种植一棵枫树,春夏绿叶,秋天染红,冬天有枯枝,四时光景不同,将时间体验带入室内。开拓屋顶花园平台是我们特别有创造力的想法,南向有一棵巨大的参天古木,庇护着这个小房子,我们削掉了一跨屋架建造了一个屋顶用餐平台。

平面图

1 | 2
    3 | 4

1: 就餐区
2: 屋顶花园
3: 餐区局部
4: 玻璃包房

▶ RESTAURANT 餐厅

1: 自然光影
2: 摇曳生姿、魅惑撩人的光影空间
3: 入口

肴约餐厅

YAOYUE RESTAURANT

设计单位：厦门方式设计机构
设 计 师：方国溪、曾灿芳
建筑面积：717 ㎡
主要材料：竹、水泥纤维板、热轧板、枕木
坐落地点：福建厦门
完成时间：2017 年 5 月
摄　　影：吴永长

肴约餐厅前身是一座闲置的露台，处在旧厂房围绕的环境中，和外部喧嚣的城市有了鲜明对比。因此，设计决定从兼容自然和工业气息出发，打造一座"城市中的绿色浮岛"。餐厅平面呈现字母"L"形，给了设计移步换景的条件。空间分为室外、室内公共空间及包间三个类别，在同一个大空间中创造多个不同氛围的小空间。

整体设计以竹片和绿植为主要元素，在施工之前就提前让爬藤提前生长，到完工之时爬藤已完全覆盖外部隔网，洒下一片绿荫。竹子、隔网和爬藤

1	3	
2	4	5

1: 过道
2: 餐区
3: 局部
4: 包厢
5: 卫生间

平面图

的纹理使阳光穿过三者时，能够因时间、天气及动线的变化，形成自然变幻的光线，加上外部的水声潺潺，给予使用者视觉、听觉等感官上多层次体验。与此同时，设计在白天和夜晚赋予了完全不同的就餐氛围。如果说，白天的肴约餐厅是一座漂浮的清新绿岛，夜晚则变身为摇曳生姿、魅惑撩人的光影空间。模拟星空的灿烂，餐位之间以丝网和烟雾缭绕的图案作为隔断，拉近人与人之间若即若离的关系。餐厅设计旨在将菜肴风格及空间设计完美融合，肴约餐厅借助不同时间、天气、动线条件下的自然变化，为顾客提供了一个视觉、味觉高度融合的就餐环境。

重庆美丽厨房

CHONGQING BEAUTIFUL KITCHEN RESTAURANT

设计单位：重庆年代营创设计
主创设计：赖旭东
参与设计：王楷均、巫仕全、熊亮
建筑面积：680 ㎡
主要材料：金属不锈钢、灰色乳胶漆、3D 画
坐落地点：重庆
完成时间：2017 年
摄　　影：黎光波

人们提到重庆美食往往会想到川香麻辣火锅。而本案定位旨在打造最好的养生粤菜主题餐厅，在当下消费升级的大趋势中，将重庆本地"美女、美食、美景"三美文化融入其中，以设计细节的品质感烘托餐厅的小资情节，雅致的配色与时尚现代的设计语汇为高端餐厅注入全新活力。金属与木材，黄色与蓝色，设计师有意将这些材料与色彩语汇进行碰撞，用大面积不同深浅的灰色做过渡，为整个设计平添了更多可能性。利用最新3D打印技术，将经过艺术化处理的美女人像，独家定制成为金属不锈钢特色灯饰，成为餐厅一大设计亮点。人在餐厅不断移动中，3D画会形成不同成像效果，现场体验效果令人惊艳。周围有美景、身旁有美女、口中有美食，潇洒重庆人的快意人生，不过如此。

1: 前台
2: 餐区
3: 人在餐厅移动 3D 画会形成不同成像效果

1: 餐区
2: 局部
3: 3D 打印人像灯饰

涵山道极上日料

HANSHANDAO JISHANG JAPANESE CUISINE

设计单位：李一空间设计事务所
设 计 师：李一
软装设计：青青
建筑面积：400 ㎡
主要材料：榆木、榻榻米、夹宣玻璃、松木原木、石料
坐落地点：浙江宁波
完成时间：2018年4月
摄　　影：刘鹰、阿坡

项目是老宅翻新改造，房子为传统木结构町屋，主体骨架良好，客户意将其改造成一个独特的日式料理店。设计师尽可能去保留原始框架和材料，同时也需要满足现代使用需求，自然而然在这空间中产生了过去与现在的对话。在这里并没有宏大叙事的建筑空间，也没有昂贵繁复的材料做法，就是常见的砖、木和玻璃，只是进行了一些尺度和形式的调整，以及结合现代和传统的造景语法，创造了一个看似日式又有点现代的庭院，用弹丸之地演绎出山石海。

老宅最适合听雨，二层高的屋檐上雨水顺着屋檐的瓦片落在水廊里，显得格外幽静古朴。九处包厢，沿袭了和式的朴素寂静。走在一楼深邃的过道，顶上羊皮纸灯笼泛着微亮，和着卷帘缝隙间的自然光束，如薄纱浮卷，顺着台阶浅影交错。过道尽头，琉璃枫叶的艺术装置在老桩上洒下斑驳，高低垂吊的样子如婆娑起舞，熠熠灵动。院落里有苔藓绿植，石组呈假山、岛屿，衬着枯山水的玄妙禅境。生命的感染之力，哪怕是居一隅边角，也能换得满堂诗意。盘坐的彻悟，或匿于刺身油脂间，或耳闻仲夏虫鸣时，视与味的珍馐筵宴，在触知与嗅觉的寻觅下，愈显风雅，使人垂涎却又自持。

1	3
2	4

1: 琉璃枫叶艺术装置
2: 一层过道
3: 外立面
4: 二层过道

一层平面图

二层平面图

1：二层眺望包厢
2：一层局部
3：一层包厢局部
4：二层过道
5：二层卡座

满 日本料理
FULLNESS JAPANESE CUISINE

设计单位：杭州观堂设计
设 计 师：张健
建筑面积：240 ㎡
主要材料：水磨石、铝塑板、铜、木质
坐落地点：杭州
完成时间：2018年2月
摄　　影：稳摄影、三风、汤汤

1：进门处
2：餐区局部
3：细节

平面图

主人希望自己能做一家令人满意的日本料理，而餐厅选址又正好在杭州景区"满觉陇"，于是，顺理成章给店铺取名为"满"。沿着满觉陇上山的路慢慢走，拐进一片白墙黑瓦民居，开始出现村民的生活和市井的气息。到此，很多人都会以为走错了路，别担心，继续往前，尽头出现一片干净利落的院子，边上有栋黑色安静的房屋，这就是"满"了。设计中尝试过多种方案，都因各种原因而无法实施，最终沿墙体保留两个包厢，在中庭留下一片很大庭院，枯山水、桂花树、松柏、竹，坐在包厢内静观庭院，市区里难得的享受。

1	4
2	3	5

1: 就餐区
2: 墙面细节
3: 局部
4: 从庭院眺望室内
5: 庭院

RESTAURANT 餐厅

1	3
2	4

1：前台
2：入口
3：前台区
4：入门走廊

元宝餐厅

YUANBAO RESTAURANT

设计单位：东厢营造设计顾问机构
主创设计：李凡
参与设计：谭子颖、曹俊峰、陈书义
建筑面积：1300 ㎡
主要材料：钢板、桐木、仿古面石材
坐落地点：河南洛阳
完成时间：2017 年 9 月
摄　　影：孙华峰

元宝餐厅的出现，代表了洛阳这个城市在室内范畴所作出的努力，因其积极的态势而产生着非同寻常的影响。它的类型属性，决定其不仅在经营层面为委托人拓展了餐饮商业的外延，更重要的是建立了本埠室内从业者寻找纵深层次之设计方向的可能。在设计师建立空间秩序的过程中，还原建筑的纯粹性与内空的精神实质性被坚韧的态度提升至一个崭新的高度。所有繁文缛节从假设的模型概念上摒弃，这一幻像的形态诱发了逻辑意义的扬弃，为建立新的空间环境尝试另类的格局而始终不为平铺直叙所困扰。

1: 大堂休息区
2: 大堂一侧
3: 大堂

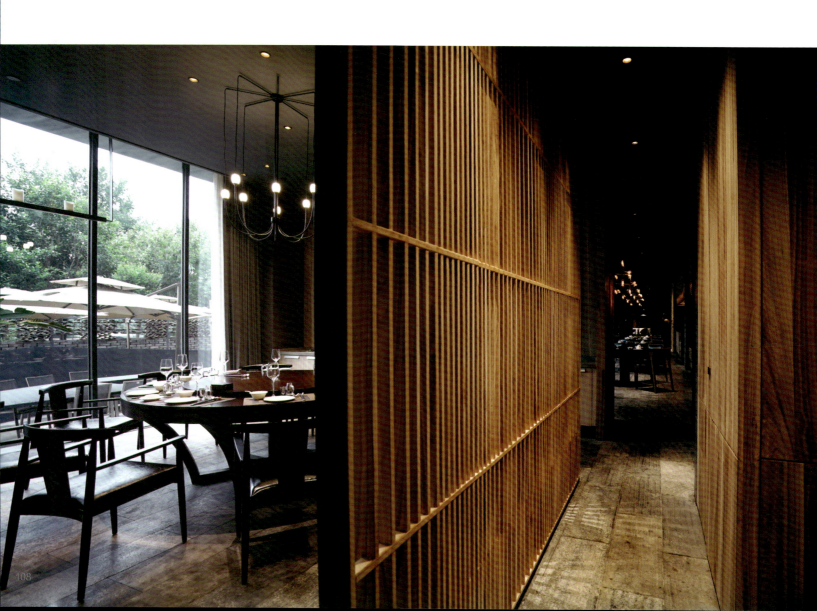

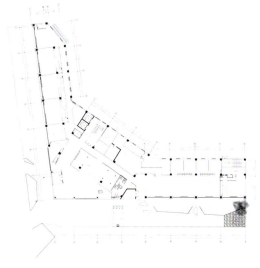

平面图

业界共识的诸如形式的放浪、思维的跌宕，或者人文情致之过于形而上的图式，在意志面前显得苍白乏味，已经没有更多理由为司空见惯的样式唱最后的挽歌。没有人怀疑最初模型之模式的本体意念，在特定的情势与空间塑造之间，情绪的把控，成就了设计自始至终在还原原本并不相关的泛理想主义；但其并未将设计套上沉重的枷锁而借此畏首畏尾。恰恰相反，素朴的材质、简洁的构式、精准的光符，毕竟将坐拥者带入一个内核已定的空间，进而认定自身的本体性觉悟。这使得饕餮者从心理层面上获取另类时空的别样感受，进而幻想的心理预判被强烈的空间气度击为齑粉，一切惯有的审美趣味，陡然间幻化为紧绷的神经原的轻微撕裂。平复心绪于淡然间，在惬意的用餐过程里，它将带给食客什么样的心境与愉悦？是可以想见的！

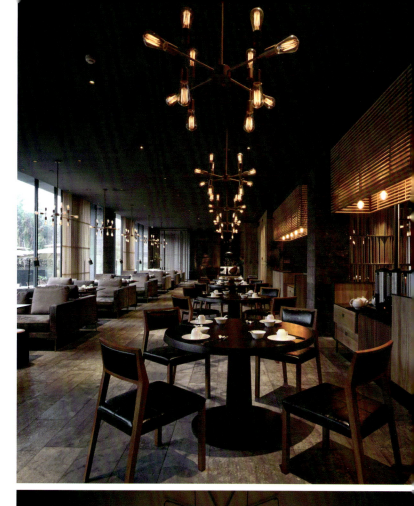

1	3
2	4

1：餐区入口处
2：餐区过道
3：餐区大厅
4：包厢

▶ RESTAURANT 餐厅

椰林世界

COCONUT WORLD

设计单位：庄哲涌设计事业有限公司
设 计 师：庄哲涌
建筑面积：550 m²
主要材料：木材、金属、麻绳
坐落地点：台湾台中

设计概念源自于中国最古老的食物食用方式火锅，将各类食材全放入大锅中烹煮、人们围绕着分享。在此将食材转化成空间建筑骨架，以其真实形式，用木材、金属和植物在空间交织，呈现出室内设计的完整性。沿着餐厅周围绿意茂盛的热带植物与高耸入天的椰子树，热带图腾以凹凸不规则的形状布满餐厅外观。主墙面铺陈绿色植物、相映陈设层层叠叠的金属铜锅及陶锅，垂直有力的麻绳像筷子般随侍在侧，木材隔栅如细面般布满天花板及隔间，占满视野及胃。概念取材自餐厅独卖特色素材椰子。室内多层次的线条，或圆弧或直线，象征椰子的丝丝椰纤与修长叶脉。顺着流动的视线，延伸并区隔双人与多人用餐区域。象征叶脉的直线型格栅，远看有起伏的动感，是轻抚微风，是细语碎浪，光与影定格在最美瞬间。选用金、银、铜等金属色灯具与锅具，交互推叠出阳光洒落椰叶间的点点金光。丝丝椰纤选用麻绳呈现纤维质感，既圆润又粗犷，就像刚与柔来回切换，让人欣喜体验自然素材的多样变化。

1	2
	3

1: 餐桌上方以大伞覆盖
2: 主墙面铺绿色植物
3: 服务区

平面图

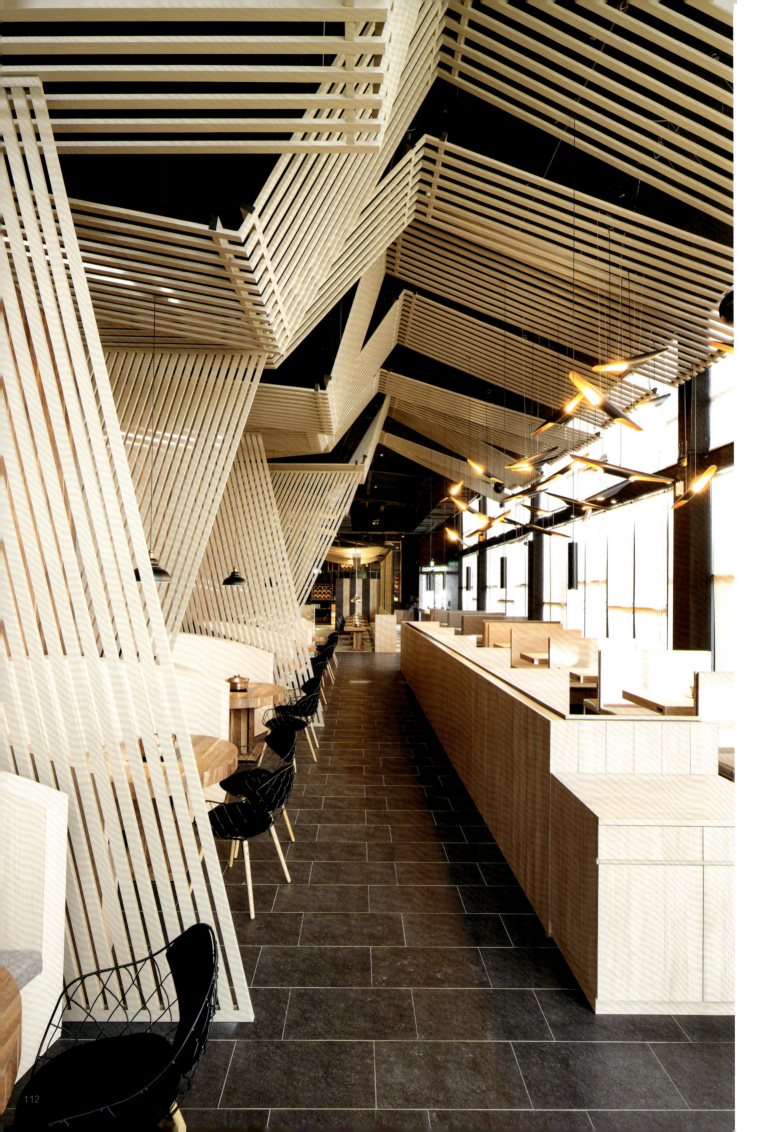

| 1 | 2 |
| | 3 |

1：用餐区过道
2：木材隔栅如细面一般占满视野
3：多层次线条象征丝丝椰纤与修长叶脉

RESTAURANT 餐厅

1: 空间大场景
2: 灵感来源重庆山城的大厅整面发光主题墙

重庆麻神辣将

CHONGQING SPICY GOD RESTAURANT

设计单位：上瑞元筑设计有限公司
主创设计：孙黎明
参与设计：胡红波
建筑面积：560 ㎡
主要用材：水磨石、不锈钢镀铜板、黑色烤漆铝板、斧劈石
坐落地点：重庆
完成时间：2017 年 9 月
摄　　影：陈铭

上瑞元筑为重庆麻神辣将设计的店面空间，不拘泥于一般火锅店的符号和意象，而另辟蹊径打造一个后现代工业风潮的霸气场景，创意大胆，气质硬朗，以突破传统的空间气质，让个性张扬的年轻消费群体产生黏性。大自然的造化下，雾气萦绕的重庆素有"空山不见人，但闻人语响"的境界，大雾之时，山色尽消的画面似有若无地为店面渲染出山城空灵和泼辣。

运用不锈钢镀铜板、黑色烤漆铝板、大理石等工业质感厚重的材料，整体色调内敛，空间基调漾洄于明暗光影中。水磨石的灰、金属的褐、橡木的原木色，间以小面积的大红色作点缀，恰到好处地刺激感官神经。包厢内，两种壁面材料，文化石和木纹纹理，杂糅出山城独有的粗犷热烈又不失细腻温和的空间表情。

独特的吊顶装饰用艺术化的表现丰满整个空间情绪，有独特肌理的金属材质面板在灯光中漫反射晕染出引人瞩目的艺术效果。不着痕迹地掩盖住上方的排烟系统，同时以无意识的隔断规划出空间的相互独立性，保持视线自主连通，空间整体通透，将山城的山与雾，文化特质和时尚风潮熔铸于一个空间里。

1｜2｜3

1: 卡座区域火锅底料展示墙
2: 长排桌沙发区
3: 具有私密性的独立包厢

平面图

RESTAURANT 餐厅

不诤素食馆

BUZHENG VEGAN RESTAURANT

设计单位：叙品空间设计有限公司
设 计 师：蒋国兴
建筑面积：750 ㎡
主要材料：黑色荔枝面大理石、木拼条、夯土、黑色高亮砖
坐落地点：新疆

本案是一个主打素食餐饮空间。进入大厅，一整面白砂岩墙面，中间设计了一个小小的六角窗造型，两边摆放着简洁的中式椅子和落地灯，简洁又古典。内凹壁龛在灯光照射下发出淡黄色的光，其他三面墙均以木格作为装饰，斯文又透气，顶面弧形竹编像中式走廊的屋檐。往里走，斧刀石的墙面，粗犷大气。等待区中间规划了一处水景，有山有水还有小船，顶面飘着一片云彩，透过六角窗可若隐若现看到前厅。黑色方管和铁板组合的层架插满了不规则小木块，起到了装饰作用，又有一种质朴感。服务台延续了隔断造型，木质小花格静静立在那里，黑色层板架上摆满了红酒，玻璃层板上面发出淡淡黄光，红酒在灯光弥漫下一层层静静排列着。墙面是一幅巨大黑白水墨画，顶面设计延续了前厅造型。楼梯下面做了一个枯山水景观，白色粗沙，尖尖的石头，挺拔的枯树，与水景形成鲜明对比，一动一静，一实一虚。

二楼走道采用了木拼条造型，墙顶结合，地面采用了亮面黑色地砖，内凹壁龛在灯光照射下发出微弱灯光，土陶罐随意摆放着，整个空间没有多余灯光，简洁素雅。卡座区延续了一楼隔断造型，顶面窄窄的天窗，透过玻璃，微弱月光洒进室内，偶尔还能看见点点繁星。包间采用条砖、斧刀石、泥色海藻泥、黑白壁画等质朴粗犷材质，搭配简洁中式家具，点缀白桦木装饰，营造了自然素雅的空间氛围。

二层平面图

一层平面图

1	2	4
	3	

1：等待区局部
2：六角窗
3：二楼走道地面内凹壁龛土陶罐
4：等待区水景

1｜2
———　1：门厅
3｜4
　　　　2：洗手间
　　　　3：大包间土坯墙
　　　　4：小包间

爱搽
ICHA

设计单位：SPACEMEN
主创设计：Edward Tan
设计团队：Kyan Foo、Raymond Tang、Ed Chan、Simon Liu
主要材料：拉丝黄铜不锈钢、铝链条、茶镜、水磨石
建筑面积：170 ㎡
坐落地点：上海
完成时间：2018 年
摄　　影：闵晨轩

1	
2	4
3	

1：主入口
2：黄铜茶笼
3：环形装饰吊灯
4：金色森林

SPACEMEN 从大自然中汲取灵感，通过一系列黄铜色调"波浪链面"，抽象化的在餐厅空间设计中表达了茶园标志性地形。项目位于上海新开发的露天购物中心"丰盛里"，本餐厅将成为该品牌新旗舰店。餐厅是由"19世纪中期殖民遗产建筑"设计改造而来，该殖民建筑曾经作为政府机关办公场所。

从广场喷泉看向餐厅，视觉中心是外立面的"黄铜雕塑"。黄铜雕塑设计灵感来源于宋代茶艺"点茶"中必备的一种茶具"茶筅"，茶筅是由一精细切割而成的竹块制作而成，用以调搅粉末茶。在倾斜黄铜条后面设有一个户外茶吧，黄铜条可以保护它免受太阳直射。当夜幕降临时，黄铜反射性质随着门厅内的灯光洒到室外而消失。此时"黄铜茶筅"像金色的茶壶一样闪闪发光，"黄铜茶筅"里有一个定制的链条枝形吊灯，让人联想到漂浮在上面的茶叶，吸引着随意走过的路人瞥见内部进入餐厅。

遵守历史保护手册，建筑大部分外部造型不变，内部已经完全改变。食客通过茶吧进入主要用餐区是从旧到新的过渡。进入内部后，大约35,000米的3种不同色调的"金链条"构成了起伏的雕塑般曲面。每层都经过精心雕刻，以还原山区茶园，并为需要隐私的顾客形成遮挡。还用"金云"的造型遮盖了位于店铺中间的结构柱，将其转变为视觉焦点，链条的柔软性质使顾客能够触摸和感受它们。沙发座位后面的灰色镜面设计反射了金色波浪，让食客感觉到他们像是在森林中树冠下用餐，视觉上还扩展了空间感受。

1	2
	3

1: 沙发座位后面茶镜反射
2: 全景
3: 通长的卡座

平面图

HOTEL 酒店

莫宅

MO ZHAI

设计单位： 无锡观策文化创意有限公司
　　　　　吕邵苍酒店设计事务所
主创设计： 吕邵苍
参与设计： 谢砺、张亮
建筑面积： 2200 ㎡
主要材料： 木材、天然石材、生态竹
坐落地点： 无锡
完成时间： 2017 年 12 月
摄　　影： 文宗博

1：外观
2：庭院
3：客房细部
4：前厅
5：云隐生活

运河为伴,鱼米之乡,繁衍生息着运河百姓的南长街,曾是马蹄哒哒的古驿道,如今,这条古街依然生机勃勃。云隐东方,一座属于中国的院子,此时想把旅人的家安驻在这里。宅子原本就在,它的前身是明朝嘉靖年间本地望族南门莫家,直至明成化和弘治年间,莫宅出了两个进士,侄儿莫骢和叔叔莫息先后考中进士登科折桂,于是在古运河边建成"从桂"坊以彰显莫氏功业,垂范后人。

"中国院子,自在生活",设计师想在这片天地里还原一种素朴、本真、自在、缓慢的生活状态。修旧如旧,成为了酒店改造的准则。首先,在空间布局上还原古人的建筑节奏,厅、堂、廊、井,错落有致,疏密相宜,达到移步换景效果;其次,在院子功能上也回到中国人的生活本源,居、习、餐、饮、会、集,一切围绕院子展开。

21间客房每一间别具一格,取名"梁溪聆荷、小娄巷口、二泉映月、十里芳径"……出自本土著名旅游景点、传统人文,一房一态一文创IP,如沐春风。客房和院子融为一体,身处院中,就像回到离开多年的故居,回到心中的桃源。

1	4	5
2	3	6

1: 客房 1
2: 客房 2
3: 客房局部
4: 客房阳台
5: 洗手台
6: 庭院景观

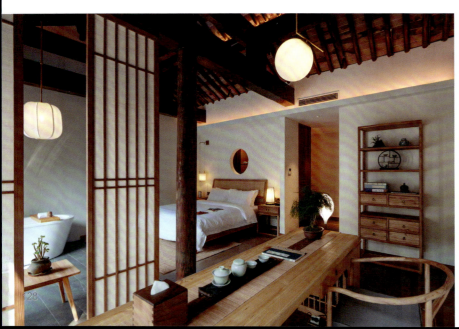

一层平面图　　　　　二层平面图

鹭湖半山温泉

HERON LAKE BANSHAN HOTEL

设计单位：广州共生形态工程设计有限公司
主创设计：彭征、谢泽坤、张立
设计团队：陈泳夏、朱国光、蔡文姬、刁映华、朱云锋、李永华
建筑面积：4000 ㎡
主要材料：彩云灰大理石、竹席编织、青古铜不锈钢、木饰面
坐落地点：广东佛山
完成时间：2017年6月
摄　　影：共生形态

项目地处珠三角冲积平原侧近的丘陵山地之中，森林茂密，植被丰富，湖水丰沛。作为带有酒店性质的温泉项目，大堂当然是设计中最重要的部分。中国人对形式上的壮观阔大偏执的喜好，不知起于何时，门中写"活"的故事大概短时期内不易再现，无论商业建筑或是政府、公共建筑，总以"大"为好。然而"大"易不当，易空。在设计过程中，设计师不扮演考据学者的角色，并不拘泥于所谓的元素，而是取法"运用之妙，存乎一心"，表达全球化状态下的在地设计，在空间的层面，它只要求有东方的印象，却不执着于东方的某一特定地域特色；在材质、构造和色调上，只有抽象意义的东方，无谓其抽取于何处。而到处理人可以触及的部分，设计师则将装饰、艺术品具体化，将现代的和带有明显地域色彩的艺术品结合在一起，将现代作品和东南亚的传统雕塑，纯东亚风格的装饰品进行混搭，营造一个由虚入实，由抽象到具象，由可观到可供玩味的空间环境。

1	
2	3

1：外立面
2：大堂
3：户外

1: 公共休闲区
2: 过道
3: 餐区
4: 空间局部
5: 客房露台温泉区
6: 客房

▶ HOTEL 酒店

建筑设计：董功 / 直向建筑
室内设计：琚宾 / 水平线空间设计
老建筑改造设计：琚宾、董功
建筑设计团队：何斌、王楠、刘晨、朱方舟、王坚、徐孟尧、孔祥栋、刘智勇、
　　　　　　　李柏、张鹏、马小凯、赵亮亮
室内设计团队：韦金晶、韦耀程、聂红明、张洛恺、罗钒予、张轩荣、周文骏
主要材料：木模混凝土、混凝土砌块、当地石材、竹木、水磨石、水洗石
建筑面积：16000 ㎡
坐落地点：广西阳朔
完成时间：2017 年 6 月
摄　　影：井旭峰、陈颢

1		1: 建筑
	3	2: 鸟瞰
2		3: 建筑

阳朔 Alila 糖舍

ALILA YANGSHUO

到阳朔 Alila 糖舍的成片时，很想去感慨生命的美好，想歌一长曲，或浮一大白。16000 平方米的酒店在我眼里有着千百万般的景致，高入空中烟囱顶，低至池内铺底砖，从芦苇到连理树，到旧木板及门拼花，早先的老壁旧垣，如今的姹紫嫣红开遍，四年的时光和心血，这是一篇长故事，现作文以分享之。

我去过很多度假酒店，看过很多好风景，Alila 糖舍的地域完整性，丰富多样性，再加上独特历史背景、感情因素，在我看来很是具有稀缺性。最初介入的身份是设计师，继而为了实现设计诉求、控制设计话语权变成了小股东，再变成组织者重新联系了建筑、灯光、机电等合作方团队。四年时间里以投资者与设计师双重角色参与始终，对整体格局、广度、深度、成本，各种细节把控都有了更加深刻的心得和收获。

1	2
3	

1: 建筑光影
2: 建筑光影
3: 建筑外观

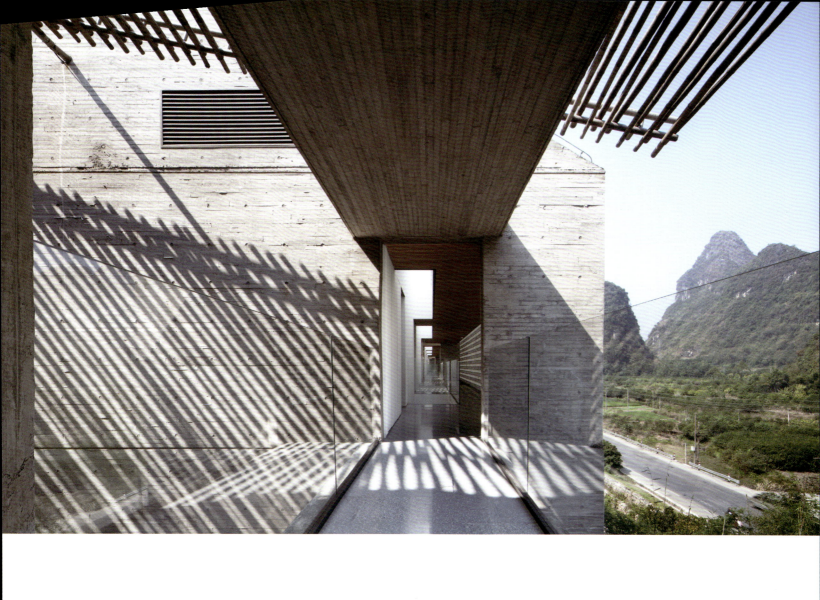

1: 餐厅
2: 接待区
3:SPA 楼梯

1	3	4
2	5	

1: 客房阳台
2: 客房
3: 套房
4: 套房
5: 泳池

Alila 糖舍本身有着旧厂房、工业元素，整体力量老的很雄厚。很需要在旧的空间里借当代性去碰撞出新对话，产生新能量。于是有了红大堂、金书吧、蓝酒吧、钢板锈色餐厅……每个空间里都有种强烈的颜色，将艺术性做到极致，与无法大改的老房子形成对抗、达到平衡，变出生机，将记忆海马体内部增益成长期且更加有趣的层面。曲得合韵，老房子体验，新房子舒适。当然这更是在强调历史客房有种更深刻的体验，有着特定位置的悬窗和风景，有特殊营造出的气质和感情。新建筑中的房间内饰很柔和，整个空间气质细腻温软，有种轻松爽朗的少女感。洗手间的浴缸有一面石头墙，那些被切成不规则形状后再砌成的当地毛石，除了功用外还体现着度假性。床头有桂林山水图样浮雕，很接地气。这种装饰性的渗透需要设计把控，不能少不能散，还不能腻。在那片用倒影连接新旧建筑的水面上，还伴着两旁的青山，整个 Alila 糖舍看上去很美很轻盈，配着清早或傍晚的天光和将熄或初亮的灯光，仿佛入画，呼吸时也会清澈许多。

露天电影和芦苇是我儿时记忆，于是在场地上实现了。泳池虽然因为安全系数的关系最终没有无边界，但在漓江边上与青山白云亲近，也是极具记忆点和仪式感的。其与那片山水、与整个 Alila 糖舍融合，将两旁老水泥桁架作为远景近景与层层递进的媒介，似不期然而然，呈现的很恰当。

三峡国际房车营

THREE GORGES INTERNATIONAL RV CAMP

软装设计：范创意
软装主创：刘靓、刘鑫
参与设计：庞丽媛、宋乐思
建筑面积：4500 ㎡
坐落地点：四川三峡
完成时间：2017年11月
摄　　影：张秀明

三峡房车营地位于长江之滨、西陵峡畔的森林公园内，是全国首家临江森林房车露营地。木屋建设由专业公司承建，营地建筑设施依原有地貌顺势而建，高低错落，恰如其分隐于林野山间。接待中心为独栋建筑，旧木与绿植结合的接待台吊灯，奠定了空间自然清新基调。空间装饰主笔在于将形式各异帽子与皮箱元素进行艺术化表现，散发出浓厚诗意气质，寄望来客卸下所有包袱，把身与心交予自然，让心灵度个假。

餐饮空间采樵小筑，整体装饰上营造出深山木屋质朴自然又不失新意。自助餐区运用了大量手工藤编艺术灯具，柔和的光线透出藤编的纹络，质朴温馨，视感震撼。星罗棋布般散落于林野山间的木屋，风格造型各异，迎合着每位旅者亲近自然的方式，有深秋下的北欧，阳光洒在薄荷绿和原木色调上，简洁自然；东南亚苍穹下的泰丝浓郁风情，葱葱郁郁的里外犹如荒岛，温暖的木质却急待栖息；浅浅的美式乡村，淡木地板与天花加上布艺沙发述说着舒适与自由。约上三五良朋，选好您最爱与自然相处的方式，在房车营地探秘绿野仙踪，与星空大地一起寻找心灵共鸣。

1: 外景
2: 接待中心
3: 餐厅
4: 接待中心局部

1: 采樵小筑餐厅
2: 东方禅意客房
3: 北欧风客房
4: 野奢野趣客房

叠院儿
DIE YUAN'ER

"叠院儿"隐藏于北京前门附近一片传统商业街区之中，原建筑是一座颇具民国特征的四合院商业用房。与民宅相比，这里房屋较为高大。南侧沿街是一排拱形门窗，北侧房屋则建有两层。在本次改造之前，房屋结构均被整体翻建过，院内并没有门窗和墙面，裸露着粗犷的木结构梁柱。据说这里在民国时期曾是青楼，建国后又转变为面包坊，翻建之后就空置下来。建筑未来的使用被设定为兼有公共活动与居住混合业态空间。

传统建筑的一个显著特点就是呈递进式的院落。在一座三进四合院当中，房屋的使用功能跟随每一进院而相应产生变化，由外向内私密性逐步提高，人们由此产生"庭院深深"的印象。设计受到传统空间中"多重叠合院落"启发，将原本内合院改为"三进院"，以此适应从公共到私密逐级过渡的功能使用模式，并利用院落的逐层过渡在喧闹的胡同街区中营造出宁静自然的诗意场景。"叠院儿"重新梳理了新与旧、内与外、人工与自然关系。首先局部拆除了南侧房屋屋顶，在室内空间与街道之间退让出第一层庭院，然后在南北房屋之间新加入一座坡顶建筑，并以两层平行的庭院将新与旧相互分隔。三层庭院让所有的室内空间都能有竹林与阳光相伴。空间之间彼此分离又相互透叠，带有雾化图案的玻璃墙面犹如叠嶂一般，进一步强化了半透明感空间效果，由此实现了由外至内不同空间场景和生活情境的叠合并置。

设计单位：建筑营设计工作室
设 计 师：韩文强、黄涛
建筑面积：530 ㎡
主要材料：镜面不锈钢、印刷玻璃膜、透光砖、橡木板
坐落地点：北京
完成时间：2018 年 2 月
摄　　影：CreatAR Images 骆俊才、金伟琦

1：夜景
2：建筑外观
3：二进院

1	3
2	4 | 5
	6

1：多功能厅
2：餐厅
3：一层客房
4：二层客房
5：楼梯
6：二层客房

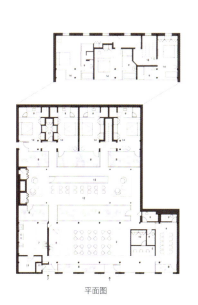

平面图

▶ HOTEL 酒店

1: 项目鸟瞰图
2: 户外园林
3: 多功能区

墙垣——青普扬州瘦西湖文化行馆

THE WALLED——TSINGPU YANGZHOU RETREAT

设计单位：如恩设计研究室
建筑设计团队：郭锡恩、胡如珊、Federico Saralvo、曹子焱、黄永福、Sela Lim、赵磊、
　　　　　　Callum Holgate、陈乐乐、Valentina Brunetti、沈洪良、刘鑫、朱彬
建筑面积：32000 ㎡
园林面积：4200 ㎡
坐落地点：江苏扬州
完成时间：2017 年 10 月
摄　　影：Pedro Pegenaute

项目位于扬州风景秀丽的西湖附近。由于场地各处散布着小湖泊和一些现有的建筑，这家包含 20 间客房的精品度假酒店对如恩来说是一个颇有挑战的项目。业主希望对基地原有部分老建筑进行适应性再利用，为之赋予新的功能，同时增加新的建筑以满足酒店的容量需求。为将这些分散元素统一起来，如恩采用了网格平面规划，框定出围墙和通廊的布局，从而将各个功能整合在一起，形成一个多院落围场。设计灵感源自中国四合院建筑类型，和传统庭院一样，院落形式为空间赋予了层次，将天空与地面的景观框架其中，让景观融入建筑，创造出内部与外部的重叠。

矩阵式的砖墙完全由灰色回收砖砌成，狭窄的内部通道形成了狭长的视角，光线穿透变化着堆叠的砖石，吸引来客在空间中不断深入探索。若干庭院内设有客房和公共设施，如前台、图书馆和餐厅。其中许多单体建筑的屋顶与四周的

围墙齐平,远远望去形成了一条平整的天际线。穿过婉转的砖墙走廊,住客们最终到达自己的客房。客房被砖墙勾勒的庭院包围,客人们可以在此欣赏各自庭院中的私密景观。还有一些没有设置客房的庭院,三两树木自成一座花园,让人在墙垣之中获得自然与放松。

沿着砖墙漫步,客人们可偶遇墙中隐藏的开口,向上踏几节楼梯,遁入更加安静且视野开阔的屋顶,在这里一览整片行馆的建筑矩阵和更远处的湖泊。平直的天际线中跳脱出三座建筑:一座两层高的客房,一座包含四间客房的湖滨小筑,以及位于行馆一端的一座多功能建筑。多功能建筑由原有的废弃仓库改建而成,包含了新建的混凝土结构,其中有一间餐厅、一个剧院和一个展览空间。如恩希望通过利用这个项目最有特点的两个景观元素——墙与院,将一个复杂的场地格局统一起来,通过粗犷的材料和层叠的空间营造,用现代的设计语言重新定义传统的建筑形式。

1: 下沉式庭院
2: 空间走廊
3: 空间走廊

1: 前台接待区
2: 前台接待区
3: 包含四间客房的湖滨小筑
4: 篝火区域
5: 庭院客房
6: 客房卫浴间

大理拾山房精品酒店

DALI SHISHANFANG BOUTIQUE HOTEL

酒店位于云南大理苍山国际高尔夫社区半山，背靠苍山主峰西麓，面向洱海及旖旎的田园风光，视野开阔。项目用地南北和东西方向都有较大地形落差。在这里，苍山是设计主题，也是故事主线，我们希望建筑能成为苍山一部分。建筑师凭借在西南山地多年设计经验，巧妙有效地解决了关于地形利用、景观营造、空间组织、视线屏蔽以及自然要素引入等问题。将建筑标高降低以适应坡地，形成下层式院落。两层挑空大厅与前庭后院相互借景，通透明亮。环境影响空间，空间是景观反馈，顺势而为梳理各种矛盾，自然而然形成拾山房放松而又有温度的建筑形态。左右两侧院落墙体连续而肯定，将建筑主体、庭院、侧院、长廊、露台的界限相互融合，努力营造一种自然而然相连贯通的感觉，消除建筑和空间内外之间视觉界限，建立起面向山野、海面、田园之间的视觉联系。墙内是归隐，墙外是尘世。

整个酒店希望用最简约的设计方式提供给人们一种回归质朴的生活场景，体现了"放松"和"有温度"的设计理念。设计初始我们就本着"归心，归山"的意境进行创作。建筑以平和、宽容的设计态度融入场地之中，使之和自然融合贯通。经过十几轮的不断讨论和自我否定，房间数量从最早的20多间减少到13间，最后才达到目前最佳状态。在这里，我们试图建立一个生动的空间序列：上山、入院、归堂、赏云、眺海。建筑以谦逊而温和的姿态表达了一个回归"家"的意象。设计者以一系列叙事性空间融入叙事性的场地，营造出独一无二的场所空间体验。

建筑设计：重庆悦集建筑设计事务所
主持建筑师：李骏、何飙
设计团队：胥向东、王源盛、陈卫、王月冬
室内设计：重庆尚壹扬装饰设计有限公司
设　计　师：谢柯、支鸿鑫
建筑面积：1550 ㎡
主要材料：白色粗砂抹灰墙面、原生石材、楸木、水泥、钢、玻璃
坐落地点：云南大理
完成时间：2017 年 3 月
摄　　影：存在建筑、感光映画

1: 顶层水景
2: 顶层外景
3: 建筑外观

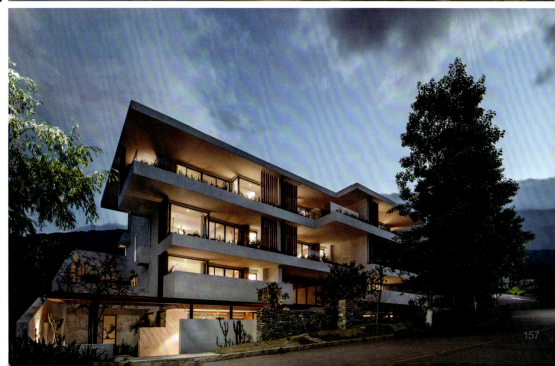

1	4
2	5
3	6

1: 公共区
2: 阅读区
3: 客房露台
4: 休闲区窗口
5: 顶层休闲区
6: 客房

大理海纳尔·云墅酒店
DALI HAINA'ER HOTEL

设计单位：文格空间设计事务所
主创设计：林文格
参与设计：周习文、邝志喜、林雨诗
建筑面积：4000 ㎡
主要材料：亚洲米黄大理石、当地产云龙青石、汉白玉
坐落地点：云南大理
完成时间：2017年12月

1: 建筑外观
2: 全透明悬挑式泳池

大理海纳尔·云墅度假酒店坐落于云南大理苍海高尔夫国际社区，简奢尊贵的新中式设计，完美极致的细节追求，巨力呈现西南地区顶级的高尔夫主题奢华度假酒店。

酒店依偎着苍山十九峰，以现代设计手法，运用缅甸柚木营造的酒店入口宛如南诏私宅府邸。推开大门，将洱海与大理白族村落尽收眼底；凭栏眺望，是一片无尽的"风花雪月"。八栋别墅合院，如自家庭院居住小憩般自然放松，新中式设计风格呈现浓郁的现代时尚气息，以"雅、茗、趣、隐"为主题的设计理念，给人以宁静致远的空间体验。全透明悬挑式泳池是酒店的设计亮点，采用360度全景设计，构架全景视野，仿佛一面镜子收入大理最曼妙的流云，感觉就像是飘浮在天地之间，又像是洱海的一种微妙延续，将视线送出远方。

酒店客房内宽大的阳台，可以俯瞰碧波旖旎的洱海全景，抑或绿草如茵的高尔夫球场；客房卫生间均设有落地窗，夜晚可躺在浴缸仰望苍山繁星点缀，或步入阳台，静听山谷松涛阵阵，享受一场自然独特的视听盛宴。

1	3
2	4

1: 外立面
2: 户外吧台
3: 局部
4: 客房

HOTEL 酒店

协作胡同胶囊酒店

XIEZUO HUTONG CAPSULE HOTEL

项目位于北京东二环核心老城区，临近张自忠路的段祺瑞执政府，古老韵味与现代风貌交相辉映，别具趣味。酒店由两间院子相连而成，从一面中式的朱红色大门走进院子，左侧为前台，右侧为室内影音阅读区。影音阅读区正对白杨前院，前院影壁中暗藏玻璃砖，为房间带来柔和采光。

前院东侧通道为可供休憩的共享廊道空间，这条公共走廊使城市和胡同的街道得以延长，形成"半户外街道"式的全新空间，灰砖与公共家具既成为连接过去的桥梁，也将胶囊空间变成一个真正的"家"。整条廊道贯穿前、后院，利用落地窗，隔而不断，框取庭院风光。游走长廊时仿若置身悠长的胡同，原本陌生的游客、住客、邻里不自觉停驻于此邂逅交流。更能以具有流动性的书本为媒介，通过公共家具的引导带来别具趣味的"交流"。院子是"四合院"建筑的居住乐趣所在。顺着廊道来到后院，东侧角落坐落着一处被青砖包围的景观空间。穿过后院，通过南侧楼梯上到二层。二层露台由一层廊道屋顶连通而成，形成坐于屋瓦之间、树荫之下的典型北京胡同文化体验：夏听蝉鸣，冬看白雪黛瓦。

设计单位：B.L.U.E. 建筑设计事务所
建 筑 师：青山周平、藤井洋子、杜雷
建筑面积：1150 ㎡
主要材料：灰砖、质感涂料、木地板、木饰面板、大理石
坐落地点：北京
完成时间：2017 年 8 月
摄　　影：锐景摄影

1	3
2	4

1: 入口
2: 廊道屋顶
3: 影音阅读区正对白杨前院
4: 前台

一层平面图　　　　二层平面图

1	2	4
3	5	7
	6	

1：屋顶过道
2：二层露台休闲区
3：隔而不断，框取庭院风光
4：后院
5：由院子眺望阅读区
6：共享廊道
7：胶囊房间

HOTEL 酒店

1: 外观
2: 货柜外观造型
3: 挑高天花板

装载记忆的货柜
A CONTAINER FILLED WITH MEMORY

设计单位：台湾由里室内设计
设 计 师：李肯
建筑面积：500 ㎡
主要材料：不锈钢板、仿旧文化石、人造石
坐落地点：台湾台南市
完成时间：2017 年

货柜承载的是一件件从北到南、由东到西的货物，而旅店提供的是一个个往返各地、到处奔波的旅客，这两者共通点是一个短暂的休憩所。"货柜" V.S. "旅店"将两个不同形式短暂停留的载具结合起来，正是整个"装载记忆的货柜"设计的由来。层层堆栈的货柜造型屋使楼高约达19米，在长度约26米（包含一楼雨遮）的东面，放置高短宽窄不一的窗户，在设计者的酌量下纳入合宜光线。另外有一个小小趣味，在一楼外观的材质刻意选用红黑色仿旧文化石搭配粗犷原始人造石头营造 STABLE 旅店的另一面马厩色系的感觉。

一、二楼为旅店公共空间，除了提供旅客用餐之外同时也是一间对外营业的茶屋。相较于外观坚硬稳固，推开大门走进去，立刻感受到全然不同的感受，挑高天花板运用不锈钢板反射特性将云朵变得让高度更高。一朵朵吊灯全部是设计师亲手塑型织密的手作灯，在所有公共区域及房间内几乎全开放的方式，减少木作天花板，无大量木作装修，尽量轻量化空间。延续从货柜结合旅店的心思，我们并非只是将客房视为一个休憩场域，空间应该是富含各种表情极具人性的，于是我们创造了八种不同房型，虽然旅店与旅客的关系是短暂的，但我们期待这些短暂的美好时光同时也是空间与人之间的相互选择。

1 | 2 | 3
　　　| 4

1: 一楼挑高茶室
2: 客房
3: 二楼公共区
4: 客房

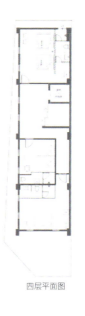

一层平面图　　二层平面图　　三层平面图　　四层平面图

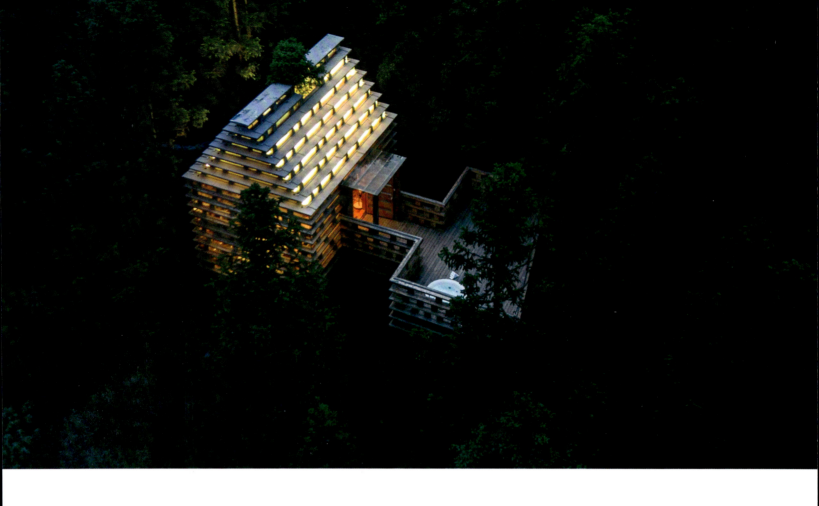

齐云营地景区树屋

TREE HOUSE OF QIYUN CAMPSITE

设计单位：广州维川建筑设计有限公司
主创设计：许牧川
参与设计：宋洪蕾、赵婉恩、陈晓玲、何灵静
建筑面积：20000 m²
主要材料：原木、水泥管
坐落地点：安徽黄山

设计师找到最合适的树干、木板和天然装饰物，让树木先天结构与人工后天结构浑然天成，最后成为一个整体，仿佛所有东西天生都应该在那儿，即使进入树屋里面，感觉到这只是外部自然世界渗透到里面。

不同主题，都是由设计师独具匠心地为不同类型旅客精心打造。以情侣为主题的树屋：树上的屋子，自由的屋子，只属于你和我的屋子，在二人私密浪漫的小世界里，一起抬头透过天窗数星星，心之往之；以家庭亲子为主题的树屋：在孩童时代，我们幻想着能够像卡通片里的人物那样住在树屋里面。我们长大了，带着孩子逃离电子产品的吸引，融入到大自然中，呼吸树林泥土的味道，白天倾听空山的鸟鸣，晚上辨认夜空的星座。建筑的初衷，是给当代的人们提供一处远离尘嚣的静谧环境。建筑与室内用材均采用贴近大自然的原木色，与环境融为一体又各具特色。树屋和水泥管房间都设有保温层和加热系统，保证冬季可以正常使用。

积木树屋平面图

1: 积木树屋鸟瞰
2: 积木树屋
3: 积木树屋

1		5
2		6
3	4	

1: 洞房树屋鸟瞰
2: 洞房树屋
3: 绣楼树屋鸟瞰
4: 绣楼树屋
5: 水泥管树屋鸟瞰
6: 水泥管树屋

洞房树屋平面图　　　　　　　　绣楼树屋平面图

▶ HOTEL 酒店

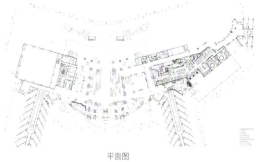
平面图

石梅湾威斯汀度假酒店

SHIMEI BAY WESTIN RESORT HOTEL

设计单位：YANG 设计集团
主创设计：杨邦胜
参与设计：陈岸云、田帅
建筑面积：120000 ㎡
主要材料：大理石、木纹铝板、混凝土、火山石
坐落地点：海南万宁

酒店坐落于海南"最美"海滩石梅湾，一片有着4000年历史的单优青皮林群在海岸线上绵延开来。将"青皮林"概念引入设计中，将酒店大部分空间放逐于自然之中，旨在与周围的环境和谐共融，为客人营造置身丛林的独特体验，打造别具一格的海南度假酒店。

酒店大堂以青皮林中高耸入云的千年古树为灵感，设计了36根巨大的混凝土"树干"，并且在"树干"之间架接通道，形成空中回廊，行走其间，别具韵味。宴会厅以富有自然肌理的石材和错落有致的岩石造型营造出自然粗犷的空间氛围，引鉴光线穿过青皮林层层枝叶的意象，打破传统宴会厅天花设计的手法。大堂近10000平方米，挑高23米，面对如此巨大的空间，设计师摒弃传统大堂的设计方案，设计全开放式，引入自然的阳光与空气，扩大了视野与景观空间。并以具有自然肌理的木纹铝板包裹36根巨大的混凝土"树干"，具有丰富自然肌理的伊利诺灰自然面及当地的火山石被广泛运用于大堂空间，花木绿植处处点缀，让人如同置身热带雨林。整个酒店的动线设计也融入了"丛林探秘"的设计理念，从进入大堂开始，到餐厅、宴会厅及客房，一步一景，引人进入丛林秘境，体验丛林探秘之旅。

1：大堂
2：大堂吧局部

1	4
2	3	5	6

1: 户外大堂吧
2: 电梯厅
3: 风味餐厅
4: 全日餐
5: 客房
6: 套房局部

飞鸟集创想酒店
FREE BIRDS HOTEL

设计单位：工墨设计
主创设计：汪骏
参与设计：黄灿、汪宇、杨洋、葛媚、高阳
建筑面积：2000 ㎡
主要材料：水泥自流平、水泥漆、铁板、实木、装置艺术
坐落地点：江西南昌
完成时间：2017 年
摄　　影：杨欣丹

"飞鸟集酒店"名字来自于泰戈尔同名诗集。诗集中有大量描述白昼和黑夜、溪流和海洋、自由和背叛的片段。这些成为我们设计"飞鸟集"的元素。

通过材料和造型运用，在空间中营造出天空、海洋、森林、湖泊等场景。酒店前厅放置的白桦树和网状云朵吊饰描绘了一个森林仙境；油蜡皮包裹的前台以及七彩毛线装饰的窗口，在极简空间里起到提升品质作用；通往客房的通道铺设了渐变色彩的地毯犹如沙滩海洋；天花和墙面布置了铝板雕刻LED灯宛若浩瀚星空和宇宙尘埃。在每一间客房内放置了一棵橡树，让自然的力量在空间里散发生长。飞鸟集的LOGO是一支书写着的羽毛笔，仿佛是泰戈尔笔下对自由与美好事物向往的最好表达。在思考和设计过程中，我们希望一间酒店在满足基本睡眠休息的基础需求同时，能让自然、人文、艺术汇集其中，不断碰撞交融，为入住客人带来新奇体验，这正是本案设计精髓所在。

1：大厅局部
2：LOGO像飘落的羽毛和云朵相得益彰
3：通往天空的阶梯
4：前台

1	3	4
2	5	6

1：双人间阅读区域
2：单人间局部
3：单间局部
4：每间房都有一棵象征生命的树
5：客房书桌
6：洗手池

不见山客栈

BU JIAN SHAN INN

设计单位：和同装饰设计有限公司
主创设计：陈熙
参与设计：帅凤
建筑面积：550 ㎡
主要材料：老木头、素水泥、编制麻布、硅藻泥、玻璃
坐落地点：安徽黄山
完成时间：2017 年 12 月
摄　　影：周跃东

不同于周边耀眼的标志招牌，"不见山客栈"五个浅灰浮雕字略显低调，如这座饱经沧桑的清朝老宅，安静地隐于闹市之中。不见山客栈的现任主人是位设计师，运用自己所感悟到的自然设计创意，对老宅进行了改良和保护，让这栋清朝中期的老宅萌发了新的生机。客栈总共五间客房，保留原有徽派建筑构造的基础上，加入时尚元素，呈现别样老宅韵味。

1　3
2　4　5

1: 天井
2: 外景
3: 大堂
4: 细节
5: 局部

1	3
2	4

1: 大堂休闲区
2: 独立茶区
3: 客房
4: 客房

二层平面图

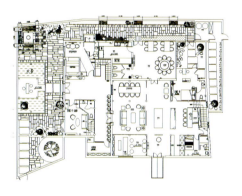

一层平面图

深宅大院的徽州古建由于高墙封闭，显得比较阴暗。上顶苍穹，下俯地面，悬之于空的天井，是徽州古建最具特色的设计。但是，天井的缺陷是冬夏两季室内的舒适性达不到要求，因此设计师运用大量玻璃元素，可采光，同时又可保证冬暖夏凉的舒适感，"四水归堂"更寄予了古徽州人聚气敛财的美好愿景。

穿过天井明堂，眼前豁然开朗，驻足后院，看斜阳掠过房顶，洒在地砖上，闲坐发呆，任由思绪万千。在这些独立公共区域，必是要有一片茶区。只因"品茗"是徽州生活不可或缺的一部分，"静气、蒸汤、焚香、涤器、烫盏……"，在不见山——可以茶立德，以茶陶情，以茶会友，以茶敬宾。

希尔顿欢朋酒店

HAMPTON BY HILTON

设计单位：广州集美组室内设计工程有限公司
主创设计：张宁
参与设计：刘兴业、李璇、许土华、周紫俊、肖嘉卉
建筑面积：13000 ㎡
主要材料：大理石、木饰面、定制艺术玻璃、艺术打印墙纸
坐落地点：佛山三水
完成时间：2018年

广东佛山三水欢朋酒店作为中国希尔顿欢朋酒店的第三十一家旗舰店，整体风格以时尚简约为基调，设计主题"锦江汇流，印象淼城"。三水又称淼城，作为西江、北江与绥江汇流地，可见水对三水起着至关重要的地位，是江水把整座城市支撑起来，是江水注入了其地方的独特灵性。设计通过对三江汇流及本土特色文化元素的提取并融合酒店中，使整个空间清新明亮，充满灵动之气。

从大门进入酒店首层接待厅，最吸引人的是接待厅艺术玻璃背景墙，丰富的艺术渐变色玻璃，构成强烈的视觉冲击，通过酒店客梯进入酒店三层大堂，欢迎墙上以当地建筑、人文为背景的艺术照片以及欢朋酒店特色文化字符，既体现本土文化特色，也符合酒店品牌精神。多功能大堂集欢迎区、聚会区、休闲、商务于一体，大堂区的家具色彩明亮轻松，与不规则的地毯形成色彩对比，给予客人轻松自在的愉快氛围。

1 | 2　1: 艺术玻璃背景墙接待厅
　　　2: 多功能大堂区局部

大堂平面图

会议层平面图

客房层平面图

1: 大堂
2: 大堂局部
3: 多功能大堂区
4: 客房
5: 客房

1	3
2	4

1：户外
2：大堂以鸟为元素的雕塑
3：大堂建筑外立面
4：酒店大堂

杭州湾湿地铂瑞酒店

HANGZHOU BAY
WETLAND BORUI HOTEL

设计单位：HHD 假日东方国际设计机构
主创设计：洪忠轩
主要材料：重木、轻木结构、夯土、漂流木、原石、玻璃
坐落地点：杭州湾国家湿地公园内
完成时间：2018 年 3 月

杭州湾湿地铂瑞酒店是一处与世隔绝的世外桃源独栋别墅群，由著名设计师洪忠轩先生亲自担任主创，由墅之坞（深圳）生态科技有限公司完成装配式建筑和装配式整装。酒店每栋别墅独立成"岛"，岛上除房子以外还有一个含温泉泡池的庭院供人休憩、游玩。岛与岛之间的出行交通工具仅限船只，且距离较远，因此每栋别墅都具备良好的私密性。HHD 假日东方国际设计追求绿色、天然、环保，在庭院设计中以夯土为墙圈地成院，室内设计结合鸟元素的主题化、水元素的当代化、原材料运用的自然化、人文化，打造出第一个生态圈中的自然环保度假别墅群。

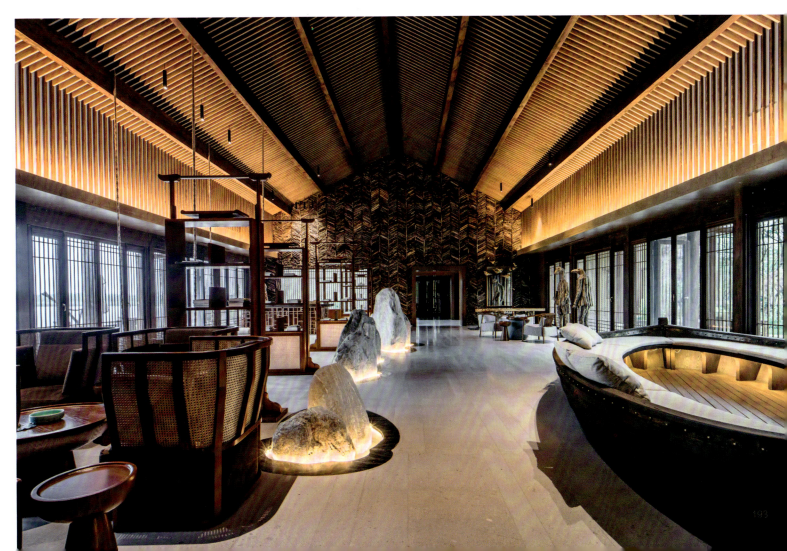

1	3
2	4

1：大堂局部
2：餐厅包厢
3：酒店每栋别墅独立成"岛"
4：客房客厅

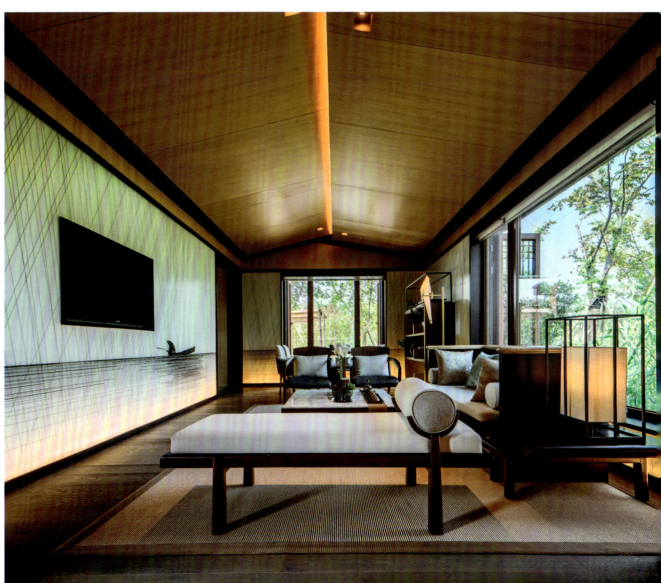

1	3
2	4

1: 客房客厅
2: 客房透视
3: 客房
4: 客房卫生间

1: 保留四合院建筑特色
2: 院落间回廊
3: 四合院院落

漫心北京前门四合院酒店

BEIJING TRADITIONAL COURTYARD
HOUSE MANXIN QIANMEN

设计单位：苏州黑十联盟品牌策划管理有限公司
主创设计：徐晓华
参与设计：刘宏伟、沈海东、王红健
建筑面积：2525 ㎡
主要材料：水磨石、铁轴木地板、钢板、水曲柳
坐落地点：北京
完成时间：2017 年 6 月
摄　　影：曾德明

漫心北京前门四合院酒店主题是"发现北京"，设计师深耕北京属地文化，以质朴温润的材质作为单元元素，表达对老北京四合院文化的深入探索和思考。设计师在保留了传统建筑设计风格的基础上，选用旧杨松板包裹了酒店窗户，墙面采用更有层次的肌理涂料，前台背景采用木格栅搭配红色屏风，剑麻地毯采用草绿色围边，跟老北京红墙黄瓦匹配，石灰色地面与四合院色调相匹配。整个酒店由四个四合院组成，由一条条长廊或者小巷子衔接在一起。甬道和抄手游廊间曲折的路径，尽显曲径通幽之美，其间点缀山石花木，意趣盎然。院落内，保留了古老的石榴树和核桃树，没有了传统四合院的拥挤与狭窄。餐厅内，挂着不少老照片和老物件，让食客犹如身临浓郁老北京风味的生活画卷中。四合院内，独门后院，安静私密，自成天地。整个酒店区别于一般四合院酒店，方便现代人居住的同时，室内也着力保留传统的京城文化。

1	4
2	3	5

1: 红色接待台背景墙
2: 无处不在的北京元素
3: 红袖添香
4: 客房
5: 客房

负一层平面图

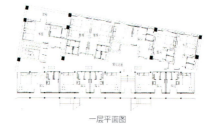

一层平面图

二层平面图

HOTEL 酒店

1: 圆形树屋鸟瞰
2: 圆形树屋溪边景观
3: 圆形树屋局部
4: 三角树屋部落的清晨

树蛙部落
TREE FROG TRIBE

设计单位：Monoarchi 度向建筑
主创设计：宋小超、王克明
设计团队：付丛伟、孙凡、杨超、关伟娜、罗林先、高星宇、雅婧、章凌凌
主要材料：木材、钢材
坐落地点：浙江余姚
完成时间：2018 年 5 月
摄　　影：陈颢、宋肖澹

项目位于浙江余姚四明山麓一个人迹罕至的小山村，村子正处于原始次生林边缘。基地东西两面双峰夹峙，漫山遍野的青翠竹子，生活氛围静谧祥和。

建成物和建造过程对环境尽可能产生少的影响，是设计一开始就确立的原则。三角树屋总高约 11 米，大致与一棵成年毛竹等高，树屋分为上下两部分，下部为钢结构承托柱，上部为木结构主体。由于树屋位于山坡底部，如果地板层太低会有较大开挖，太高又会带来投资增加，降低经济性，最后根据山体斜坡角度确定 4.5 米地板层高度，实现了飘浮感，而且因为钢柱收拢为几个点落在土地上，也获得了较为自由的地面活动空间。上部主体以两个等边三角屋面 T 形交叉构成居住空间，为了获得最好观景感受，T 形空间四个终点均被设计为玻璃，可最大限度纳入周围美景。

传统村落民居的粗方式施工工艺有别于标准化的工业化精细生产，圆形树屋飘逸的屋顶并非是建筑师任性的狂想曲，非线性的屋檐具有极高的容错率，可视为乡村建构对自然规律的尊重与服从。在设计与施工过程中，反复与当地工匠沟通，达到设计形态与当地施工技艺的平衡。

1	4
2	3	5

1: 圆形树屋室内
2: 圆形树屋楼梯
3: 圆形树屋二层露台
4: 三角形树屋室内卧室与阁楼
5: 三角形树屋景观长窗

> BUSINESS DISPLAY 商业展示

苏州 UEP 瓷砖展厅
SUZHOU UEP CERAMIC TILE SHOWROOM

设计单位：林卫平设计师事务所
主创设计：林卫平
参与设计：汪昆
建筑面积：300 ㎡
主要材料：意大利进口砖、不锈钢、涂料
坐落地点：苏州
完成时间：2017 年
摄　　影：刘鹰

在这将近八米高的瓷砖展厅中，干净纯粹的墙面加上层高共同呈现出空间的仰望之感。同时，一道白光有力贯穿了整体空间，并通过落影得以无限延伸，更是营造了圣洁意境。仰望与凝视中，人与空间实现了沟通，而对话的语言正是光影艺术。设计师利用瓷砖产品铺陈所勾勒出的线面几何效果，地面的倒影，光线的落影共同构成了一个三维坐标系。展厅构筑的另一个区域如一方龛室，土坯墙面围合而成的空间中安置了一块天然质朴的石，象征着瓷砖最原生的材质，即自然界的坯土。在这返璞归真的初生状态中，光线从天窗进入，演绎着阴翳之美。

1: 一道白光有力贯穿了整体空间
2: 楼梯
3: 人与空间

1	
2	3	4

1: 光与影
2: 产品展示
3: 产品铺陈所勾勒出的线面几何效果
4: 光线从天窗进入

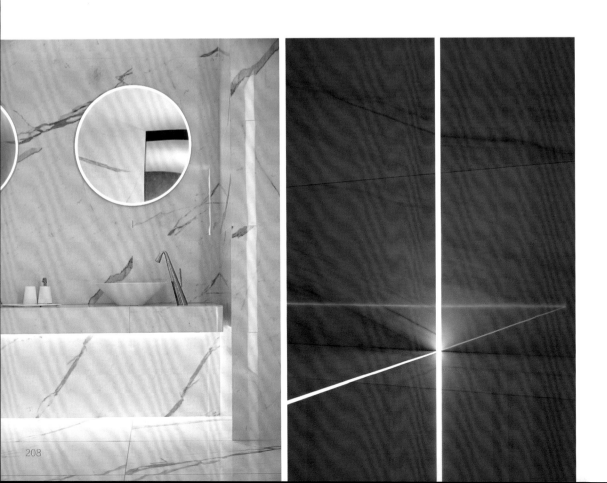

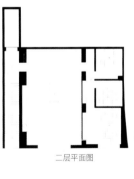

二层平面图

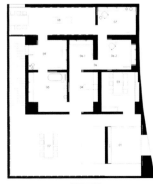

一层平面图

▶ BUSINESS DISPLAY 商业展示

深圳融创·创智谷展厅

SUNAC-SMART VALLEY OF
SHENZHEN

设计单位：毕路德顾问有限公司
设 计 师：刘红蕾
建筑面积：1000 m²
主要材料：镜面不锈钢、黑色喷砂不锈钢、大理石、木饰面
坐落地点：深圳

整体设计有意打破人们对于科技枯燥无趣的刻板认知，将生态理念适时融入科技几何形态与现代感中，令科技的线条转化成真实空间中的表面处理，从而完美实现科技与自然和谐交融，展现现代科技美学魅力。

大堂蜿蜒曲折的墙面设计取意悬崖峭壁之形，又暗喻科技动感抽象的几何线条，营造悬浮飘移、无限延伸的视觉效果。不规则线条表面由白色烤漆、灰色烤漆、镜面不锈钢、黑色喷砂不锈钢四种不同材料随机构成，令轮廓外观更加别致炫酷，呈现丰富层次感。定制的立体墙面又是一座充满哲学意味的艺术装置。一方面，墙面造型和山体形态上的同构性，消融了科技和生态范畴之间的矛盾性，展示出两者之间微妙关系：既提升外在空间趣味性和张力，又达至内在协调和统一。另一方面，借由光的折射，不锈钢饰面隐约映照出大堂活动场景，仿佛神秘的异次元世界，既联系着现在，又可抵达未来。

服务台、模型展示台、水吧台延续墙面的造型语言，在保持视觉连续性的同时，体积和形状的差异令每个功能区域又像是各自独立、高低不一的山丘，显露出独特的表情。

1: 营造悬浮飘移、无限延伸的视觉效果
2: 借由光的折射，不锈钢饰面映照出大堂活动场景
3: 大堂接待区

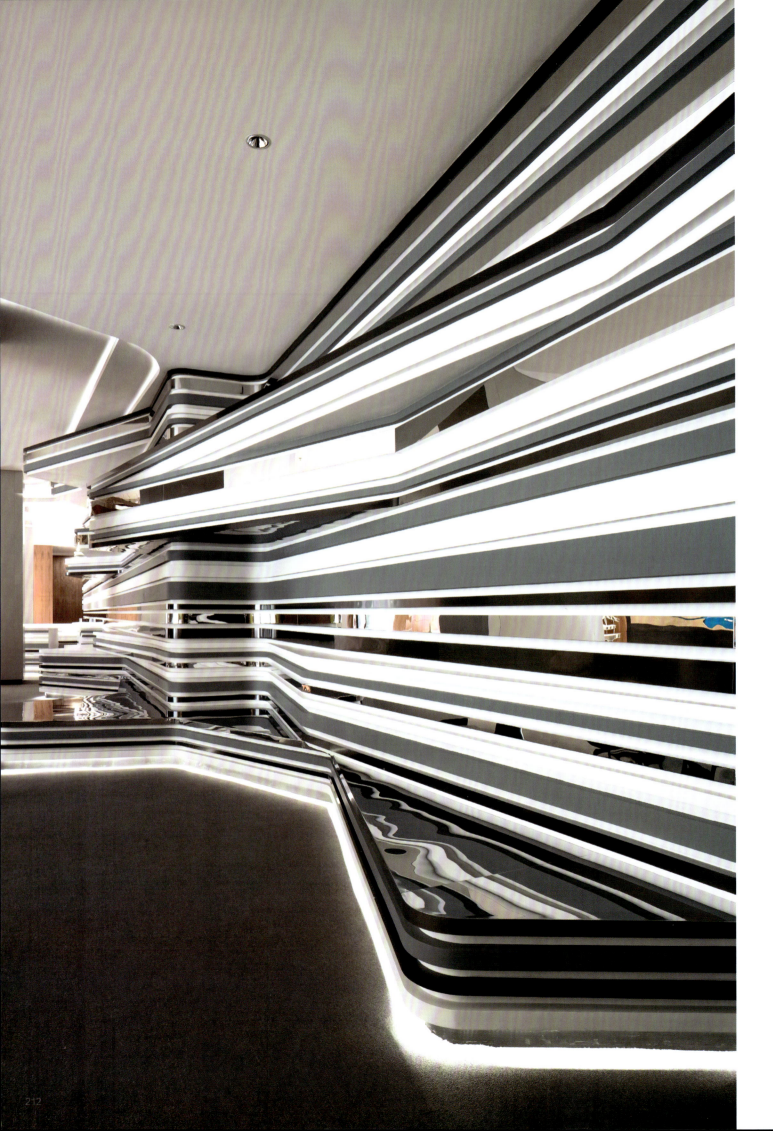

1	2
3	4

1: 大堂蜿蜒曲折的墙面设计取意悬崖峭壁之形
2: 大堂模型展示台
3: VIP室
4: 空间局部

▶ BUSINESS DISPLAY 商业展示

上海 LEICHT 展厅

LEICHT SHOWROOM OF SHANGHAI

设计单位：台湾近境制作
设 计 师：唐忠汉
建筑面积：470 ㎡
主要材料：盘多磨、黑铁、石材、染黑木皮、水泥板
坐落地点：上海
完成时间：2017 年

我们试图在空间中建筑，运用堆砌、切割、错置空间体块等建筑设计概念演绎在室内，舍弃过多装饰，以最纯粹原质材料如水泥、钢铁等灰白基调表现在天、地、壁，希望能创造出游走在山林间，景致一隐一现的空间隐喻。原始空间为部分上下交错两层楼，各挑高6米，业主希望置入三个不同调性系列展品，以及四种不同功能区块。我们将空间切割出两个夹层，并串连在一起，引导顾客在行进过程中可以获得最充分展示效果。

一层是挑高6米狭长梯形空间，入口处窄而挑高，左侧作为品牌门面橱窗，右侧透过墙面及地坪材质切换以及压缩过的窄口，宣告空间进入展厅主要区域。从天花长出的白色量体沿着山形路径下降，压缩外侧的空间视觉并界定空间区域，中间原本实体则挖空，只留下虚实交错墙体，留给视觉多一些穿透感，让二楼展厅及过道可以和一楼

1 | 2
3

1: 一层入口
2: 一层展示区
3: 从夹层俯瞰一层

1 |
2 | 3 | 4

1: 过道
2: 通往三楼楼梯
3: 充满张力的空间
4: 三楼接待区

空间互动。盘石取形自山峦起伏绵延的姿态，以钢板折迭塑形，表现利落而厚实的沉稳质感。若把空间量体比喻成山，在新（新作）旧（原始）量体间夹着的便是蜿蜒山间小径。夹层设定为古典风格厨具系列，独立空间搭配木质地板体现典雅厨房风格。外侧廊道在转折上三楼前留设了小平台，特意创造的破口可从上方俯瞰柜台及一楼入口，让空间视线交错，从不同高度和角度体验空间错置变化。

通往三楼楼梯再一次运用压缩后放大手法，两侧墙面压缩形成狭窄空间，右边侧墙以折板形式延伸至三楼墙面，黑色木皮与6米高的白色折板墙面形成强烈视觉对比。三楼为挑高沙发接待区及中岛吧台，同样运用黑白基调作为空间主体，线形灯具错落在天花。

▶ BUSINESS DISPLAY 商业展示

751 时尚买手店
751 DESIGN STORE

设计单位：寸 DESIGN
设 计 师：崔树
建筑面积：430 m²
主要材料：红砖、木质、水泥
坐落地点：北京
完成时间：2017 年 9 月
摄　　影：王厅、王瑾

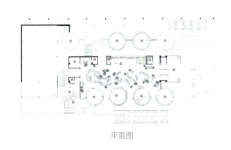

平面图

| 1 | |
| 2 | 3 |

1：建筑外观
2：过道
3：展示区局部

在北京，老厂房的圣地非酒仙桥这片儿莫属。751 找到我们时，它给我们展示的是当年工业遗存和工业时代的足迹。项目位于 751·PARK 北京时尚设计广场核心地带，也是 751 除了火车头广场外另一标志性建筑之一。这里由十个大铁罐留下的独特空间成为各个国家品牌展示、发布的主要场所，也是北京国际设计周主场，具有展览、论坛、文化交流与美学馆等功能。此次任务是把时尚回廊空间打造成新的 751 时尚买手店做商业使用目的时，它的呈现则是以生活方式的买手店商业形态影响着我们身边消费群体。设计师太过于自我，时尚买手会站出来，给到设计师新的市场需求，时尚最终还是会落脚在商业，将商业与时尚的相结合才是时尚买手店所需要的。

寸 DESIGN 认为设计应服务于商业，应该带有很强的目的性，甚至设计的本质就是创造商业的价值以及某种更贴近人们现实生活空间水平的提升与完善。刚好在 751 摆放着一批由上一届北京国际设计周留下来的陈设道具。但这些由日本设计师设计的陈列道具更适用于小范围陈列展示，由于它太过于注重形式所以展示面积与展示数量

有限，所以并不符合整体空间商业目的，重新核算和改造，从而提升它们的商业价值成为我们第一项任务。数据统计，原装置的摆放率只有600件，面临后期大量设计师产品展示需求，它的功能是远远不够的。我们将其中一些装置进行倒置并加以链接，不仅解决了拉近大层高空间高度，同时上与下的关系与材质使这些区域形成独立空间。改造后的产品展示量从原先600增添到1623件，并且不再是单一水平高度上的陈列，大大加强了展示和备货数量，从而使形式化的构件变的更加实用。

为了软化老工业带来的厚重气场，加入了红砖、木质、水泥一些贴近生活材质的陈设装置，来弥补空间顺序，这些材质都是近30年中国人生活中的建筑生活材质，所以即贴近消费者，又具有大众回忆温度。这些打散并重组的DNA也让行为动线根据人流、物流在尽量不需要视觉导引情况下使消费者走完整个项目所有角落，增加了消费动线调和了空间气氛。色彩则是人体对空间感觉的触发器，纯白色的中心区域则是整个展示的核心轴，与周围压暗的宝湖蓝有着质感的对比，并将走进空间的人流被强烈视觉吸引到这里后，再由VI导视引导发散于各个大罐子，每个罐体都拥有自己独立主题定义。将每个罐体与主空间链接的门套进行拉伸，增加长度形成"小走廊"，也是空间与空间之间的完美过渡。改造后的罐体内咖啡吧、书吧让展陈空间更有了生活味道。

中心场域另一侧设置了落地玻璃，"新"与"旧"被这条玻璃线相切，但又相互交融，尊重着时间的痕迹。玻璃外走廊刚好成为举办时尚Show的T台，这种时尚的设置又是循环更替的，流行趋势不断更替，空间内的设计产品与外廊对应的活动可以不同时尚文化的迭代，满足并影响人们的消费欲求。

1: 楼梯艺术装置
2: 纯白色中心区域是整个展示核心轴
3: 细节
4: 展示区局部

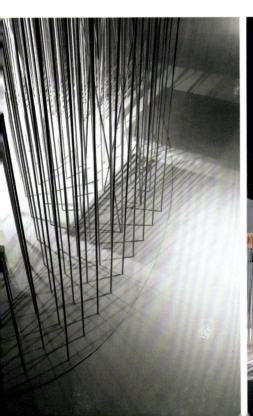

BUSINESS DISPLAY 商业展示

ROARINGWILD
壹方城店

ROARINGWILD · UNIWALK

设计单位：DOMANI 东仓建设
主创设计：梁永钊
参与设计：唐嘉颖等
建筑面积：200 ㎡
主要材料：钢板、玻璃、黑色烤漆板
坐落地点：深圳
完成时间：2017 年 11 日
摄　　影：肖恩

1	
2	3

1：艺术装置与品牌完美融合
2：入口，巨型装置从正面角度看，形成品牌名的首字母 R 形
3：未来几何感的室内

初接触 ROARINGWILD（咆哮野兽），直观感受是一群态度鲜明的年轻人在倔强地做文化。中国本土原创潮牌 ROARINGWILD（咆哮野兽）成立第 7 年，在品牌植根之地深圳开设了首家实体零售终端。DOMANI 东仓操刀设计，以凌厉的笔法构建空间的感官错觉和视觉冲击。一座通体透红的巨型装置贯穿整个空间，成为视觉与艺术的存在，从正面角度，亦形成品牌名的首字母 R 形。装置以红色钢板为主材，只在靠近入口处的部分采用光泽的红色玻璃材质。未来几何感的室内充斥着红与黑撞色基调，红色是激情和爆发，黑色是沉稳和内敛。感性的血液在理性的围合中滋长，两种颜色也在对抗中达到平衡。入口通道右侧的黑色烤漆板墙面，闭合时可用作商品陈列，或当作投影墙，开启时可扩大空间，拓展更多内容。灰色水泥材质收银台位于红色装置下方一角，在红黑主色的氛围里犹显安静。作为国潮先锋，ROARINGWILD 试图通过服装这个载体，传达无所畏惧的逐梦态度。

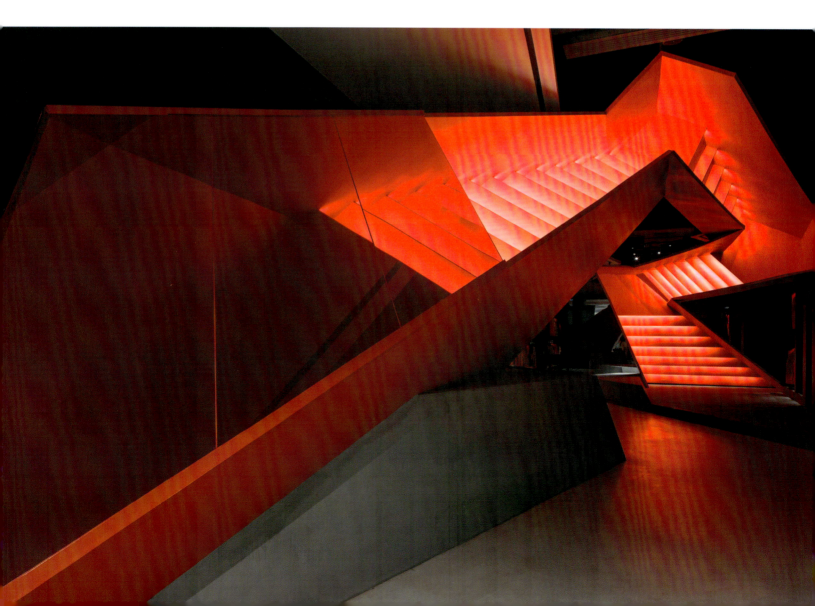

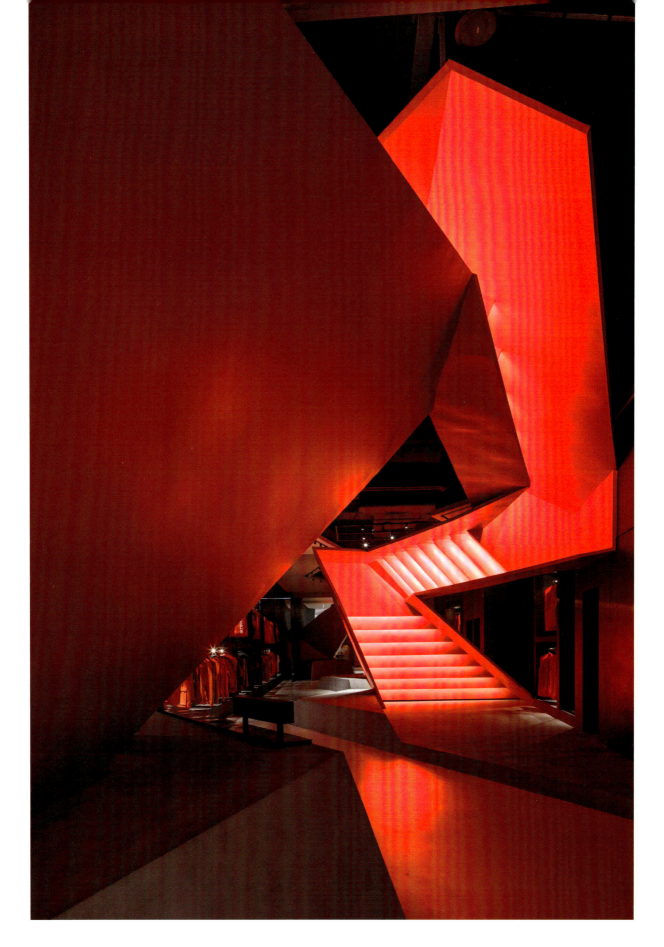
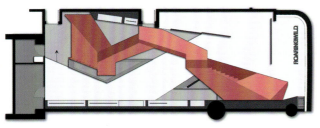

1: 充满张力和激情的空间
2: 充满强烈视觉与艺术感的空间
3: 通体透红巨型装置贯穿整个空间
4: 出入口
5: 灰色水泥材质收银台

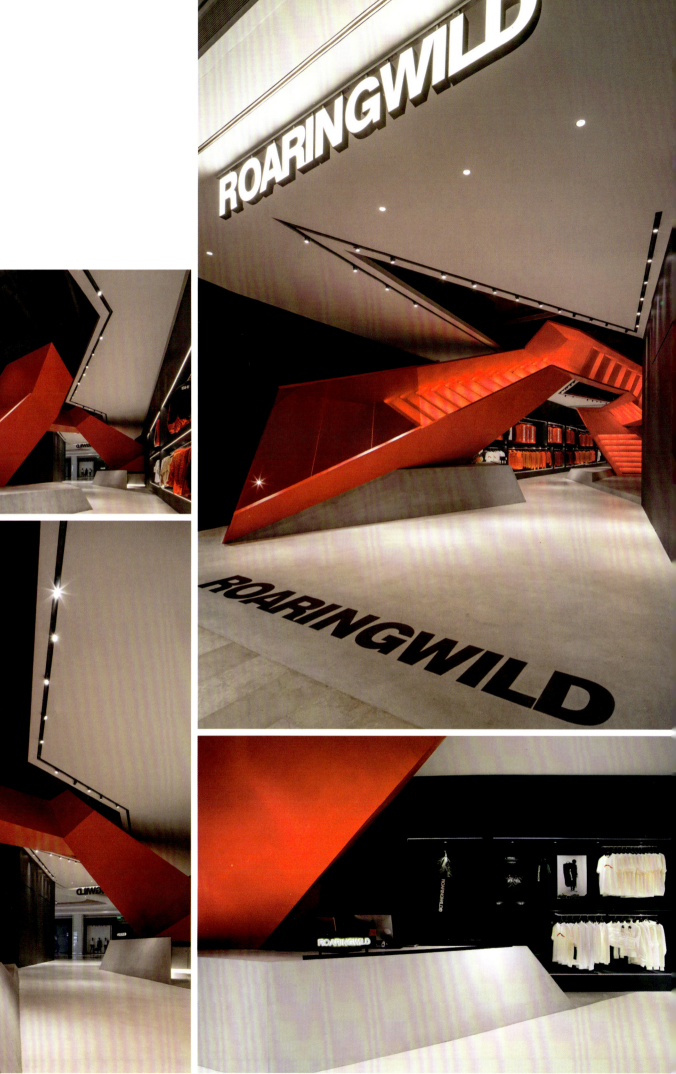

写意空间

LIGNE ROSET

设计单位：正反设计
设 计 师：王琛
建筑面积：200 ㎡
坐落地点：宁波
完成时间：2017 年 12 月
摄　　影：王飞

LIGNE ROSET 写意空间是一个法国纯原装进口品牌，也是法国国宝级品牌。宁波展厅在设计师精心营造下为空间注入趣味与写意。建筑本是一个方块体，从窗口开始就像跟 LIGNE ROSET 交流，简化法式建筑的曲线，室内的光透出，展示出休闲、浪漫、温馨、熟悉、商务、慵懒的种种让人触碰内心的场景。眼球早已经被 LIGNE ROSET 锁住，一转身，建筑表皮浪漫地打起褶皱，就像一块布，居然扯出了一个窗口。推开窗，把头探进去，室内的空间一分为二，最外边是长长的廊道，LIGNE ROSET 的家具穿插在二者之间，此时户外的阳光斑驳。走过去，宝蓝色的雨棚下散漫着 ESPRESSO 的香味，坐下来，端起杯子，有人坐在 LIGNE ROSET 写意空间的 PLOUM，这把让人坐下不想起来的沙发恰符合法国的慢节奏，生活本该如此的舒适。

1	3
2	4

1: 外立面
2: 入口
3: 局部
4: 空间透视

展厅室内区域的设计促动家具与人交流,半围合的墙体并不到顶,符合各年龄高度的窗口,让里外的家具与人产生视觉上的交汇,会有很多人喜欢探头穿过窗口看里面的家具,也有人喜欢坐在里面转头看到外面壁炉旁的家具。在外的TOGO让整个展厅一直成为焦点,TOGO适合于当下忙碌生活节奏的倚靠,也是孩子的玩伴,总是能让外面路过的人停留脚步。

1: 小屋
2: 小窗
3: 细节
4: 小景

宝龙创想实验室
BAOLONG IDEASLAB

设计单位：唯想国际
主创设计：李想
参与设计：范晨、闫夏霏、陈雪
建筑面积：1100 ㎡
坐落地点：上海
完成时间：2018年1月
摄　　影：邵峰

信息时代是没有标志性符号的，是靠信息数量与效率作为第一感知的，创作这样一间创意实验室空间设计，设计师更希望能借由上一个时代的标志符号作为依托，并加以映射，因为两者共同性即是同样具备颠覆性的科技与研发，并且同样都对商业的发展有着重要启发作用。

在整个空间造型上，虽然借鉴了蒸汽时代背景下的工厂为原型，但是删减了复杂交错的配件，只保留了工厂里最基本的一些功能体，例如反应罐与能量传输管道，还有工程师步行平台这些具有实际意义的构图。这些主要功能体也映射着在宝龙实验室里相应着这里要发生的一些活动。把原本是两层空间

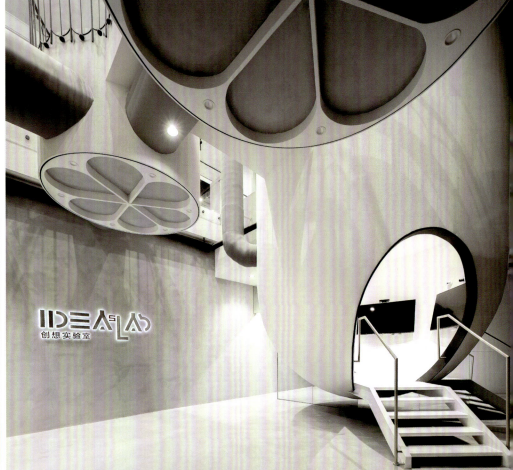

1｜2｜3｜4

1：外观
2：一楼入口
3：一楼共享区
4：一楼咖啡区

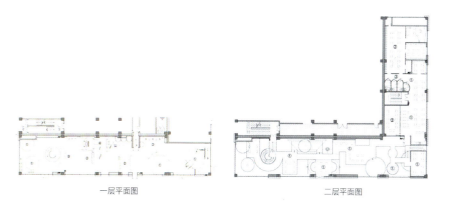

一层平面图　　二层平面图

楼板全部拆除，变成一个高达 8、9 米的通高空间，在地面用极简手法还原，这些"反应罐"中会设置新零售体验设备。消费者可以在不同的罐当中感知不同设备带来的新商业消费体验感。并在 4~5 米高的空间中重新搭建楼板，交错穿插在还原的"反应罐"当中作为二楼共享研发人员办公的工作与交通平台，这样，工作人员在空中平台上工作，消费者在楼下体验空间新科技与信息化带来的商业体验，通过空间视线联动使得他们可以互相感知彼此存在，让空间变得更加有趣。

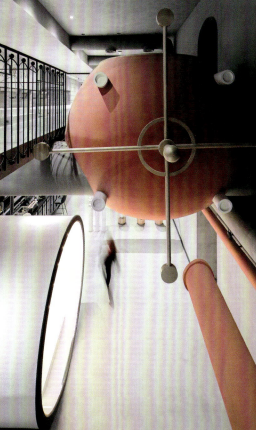

| 1 | 2 | 3 | 4 |

1：一楼
2：阅读角
3：一楼共享区局部
4：楼梯

1	3
2	4	5

1: 二层办公区
2: 二层办公区
3: 洗手间外观
4: 洗手间
5: 共享区细节

青岛和通行汽车生活馆

TSINGTAO HETONGXING AUTO CLUB

设计单位：上海无间建筑设计有限公司
主创设计：吴滨
参与设计：杨杰、廖思
建筑面积：3300 ㎡
主要材料：清水混泥土自流平、木饰面、耐厚钢板、金属铜
坐落地点：青岛
摄　　影：吴滨、隋思聪、宋毅

"如果说车有一种动力，那便是驾驭者的自由梦想。"人生本身就是一场冒险的驰骋，于有限生命里无限追寻自由旷达的生命力度，W.DESIGN 无间设计将这一人类血脉中一直栖息着的自由灵魂纳入青岛和通行进口汽车展厅设计，这是无间从建筑、室内，到软装设计一气呵成的有代表性的完整项目。

建筑自然生长的曲线模糊了室内与室外的边界，整个建筑形体、室内空间与周边地形互为渗透，开启内在精神对话。阳光穿过建筑顶部通透采光口直射进来，随着光线角度变化，光影在空间随之变化，并注入绿植自由灵动的生命，婆娑疏影摇曳出季相变幻，建筑仿佛在自然中生长，人与开放的自然空间，与速度感、时间感相融。为了展示路虎全方位性能，在建筑设计与室外景观设计上做了最细致考量。"崎岖的河滩是路虎崛起的栖息地"，在建筑曲线内凹部分的室外区域独辟一方浅滩停驻路虎，内凹的线条让人产生曼妙的错觉，室内的人往外看会认为这方浅滩就在室内，同时感觉到外部水面上停驻的车仿佛已在旷野中，将路虎的涉水调性全然发挥。

沿路建筑面特辟弧线弯道，沿着弯道至二层平台，仿佛在山中盘旋而上，弯道上方开辟序列圆形采光口，飞驰中了悟静定凝气的仪式感与置身天地的壮阔。二层平台更是从主干道远处欣赏汽车流线的绝佳橱窗展示平台，在静止的空间，仿佛能感受到自由的马达声和后轮卷起的不羁沙尘，自信地游走于各种险境路况。

室内设计随着建筑结构自然形成，整个空间纯粹极致，从建筑到室内，大面积混凝土处理，穿插纯白与铜色，强调汽车本身线条、体块，一个有着强烈男性感的空间。展厅内下沉式围炉设计，源于资深汽车发烧友无间设计总监吴滨对于汽车交易的人性化思考，标准购车流程只是冷冰冰的交易，将洽谈空间以围炉的形式呈现在汽车展示中心，让热爱汽车生活的人们与车有了最近距离的接触，而商业交易的模式自然而然转变成人与人之间温暖的联系。

1	3
2	4

1：细节
2：下沉式洽谈区局部
3：外立面
4：展厅透视

1：有着强烈男性感的空间
2：婆娑疏影摇曳出季相变幻
3：一层楼梯口

▶ BUSINESS DISPLAY 商业展示

设计单位：DOMANI 东仓建设
建筑/室内设计：余霖
装置与陈列：余霖、A&V 桉和韦森
协作设计：王润维、Rex、陈展鹏等、
　　　　　DOMANI 东仓建设
建筑面积：1800 ㎡
坐落地点：上海
摄　　影：邵峰

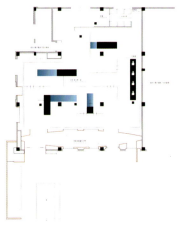

首层平面图

1	2
	3

1：改造后外观
2：外观局部
3："峡谷"内所呈现的原创艺术装置"墟"，
　　成为常规展陈

峡谷之墟——UR 上海旗舰店

URCANYON FLAGSHIP SHOP OF SHANGHAI

UR 上海旗舰店位于上海淮海路华狮广场左翼。受 UR 集团之托我们对其进行改造，这是 UR 中国首批店铺。项目涉及的各个方面对于 20 世纪 80 年代设定的 "Decorativeism" 广场型建筑改造程度存在巨大争议：一方面政府希望保留该建筑风格与原貌，获得既满足当下商业环境诉求又保持原建面与街区平衡的成果；另一方面华狮物业方与 UR 亦存在对外墙及环境改造方面不同的考虑与诉求。我们在 2017 年年中获得经各方权衡后准确的设计条件，即对外观可改造范围局限于原建筑窗洞轮廓以内。这个项目我们面临的是一个相当有趣的"枷锁"：既需要融入社会语境之"和谐"，又需要完成商业语境之"跳跃"；既需要保持对"资本"与"商业绩效"的理解尊重，还需要实践在上海这样一个复合文化浸染下的多元化城市及其时下目标受众（年轻人）对时尚类商业品牌的感性阅读与有效的品牌印象更新。

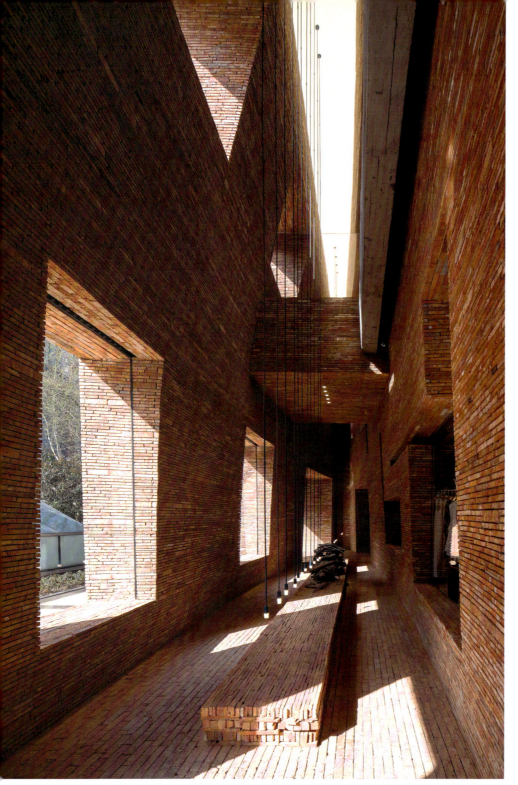

废弃旧黏土红砖作为主体材料的设定并非一夕而就，在对建筑面窗洞进行不同程度的比划与设定之后，单纯形式无法言尽我们需要在复杂环境中建立的"干净的厚度"，而材料在建筑中的本质能量某种程度上远超越形式。上海历史丰厚建筑形式多样，在地图上对周遭街区的浏览过程中我们发觉建筑群顶部呈现较为统一的砖瓦红色。这是海派20世纪80年代建筑对更久远的多国文化盘踞时期建筑材料与符号的沿袭痕迹。同时，由于苏沪淮地区历史盛产砖瓦，我们考察了该地域所剩无几的老黏土砖工厂后，在这种如今被限定为"装饰材料"的历史通用砌筑建材中寻获纯粹且丰厚的材料气质。回到建筑表面设计范围的问题中，当外观存在既定局限时，将"外观""内退"似乎是神来一笔。除了建立一个灰空间对广场人流进行引流之外，一个功能含糊的空间将是交代品牌立场与态度的最佳场所。很幸运我们的观点得到UR方面的绝对支持，在寸土寸金的商业环境中，消耗自建筑内墙退位3米的双层空间去承载纯艺题材是需要眼界的商业决策。

1	3
2	4

1: "峡谷"两侧鱼腹型墙翼
2: 原建外立面矩形窗洞投射进峡谷室内侧的窗洞发生符号性变化
3: 室内空间由25%灰调作为基底
4: 楼梯

1: 灰调空间
2: 7米直径的月球位于主体店铺的正立面

我们建立一个"峡谷"。"峡谷"两侧鱼腹型墙翼使得光线在此进行复杂反射，通过矩形窗洞进入"峡谷"的光线被弧形墙体柔化，并通过旧红砖的粗糙表皮形成投影与肌理间的观感对冲。在对旧式传统黏土红砖进行工法与材料比例上的考虑后，我们选择传统劈开砖工艺中"两刀"与"四刀"的模数进行组合与砌筑，并对其砌筑缝做内退处理来强化材料比例形成的表皮肌理。"峡谷"内所呈现的原创艺术装置"墟"是这个项目创作中另一件值得描绘的故事。它将UR提供的产品作为基础素材，由项目设计主创领衔艺术陈列设计品牌"A&V"担纲制作。其创作语境中"废墟"作为时尚题材的符号性作品吸引了无数镜头与注目。"墟"在"峡谷"成为常规展陈。它描述的叛逆与质疑正是"时尚"的核心价值。

UR旗舰店的室内空间由25%灰调作为基底，形成与"峡谷"区间空间节奏上的对比同时，其重点在于通过建筑柱间模数分解成的货架道具模数，并以此形成主要人流动线的组织与引导。在20世纪80年代的柱网规划中我们无法在狭窄的梁网中找到一个足够尺度进行通往二层楼梯架设，同时亦受制于建设条件而无法对原建筑进行任何结构改造。于是，仅一米五的物理宽度令步梯成为空间设计中最大难点。通过视错觉方式来架设步梯心理尺度。通过钢制延展结构令步梯起步位拓宽至两米五。七米直径月球位于主体店铺正立面，即引流步梯的侧翼。如莫名昭示的少年梦境，或者出离现实的意向符号。这是继"峡谷之墟"后另一记空间振奋。

▶ BUSINESS DISPLAY 商业展示

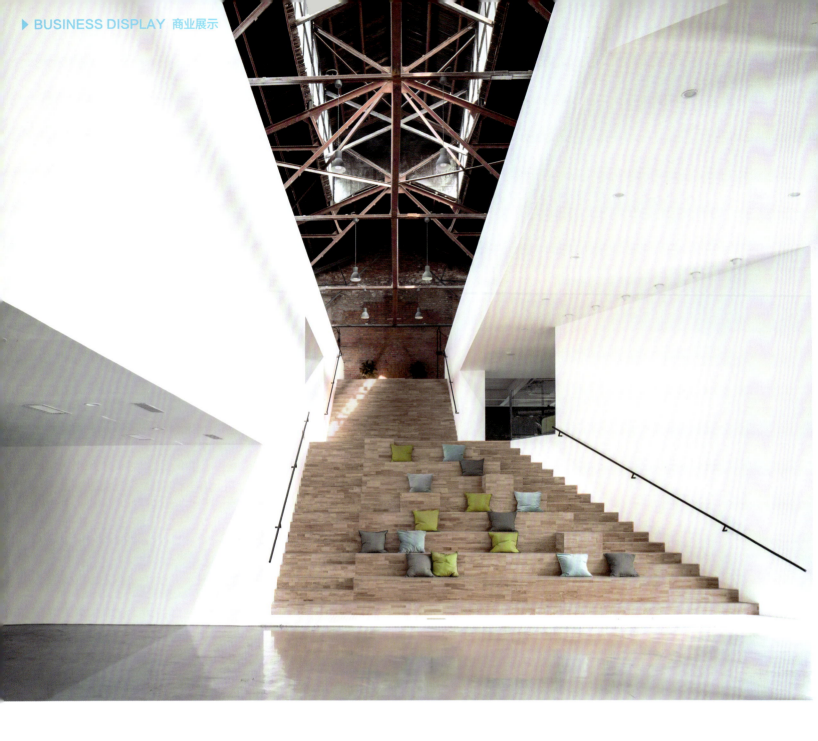

C19 厂房改造

C19 FACTORY RENOVATION

设计单位：普罗忆象建筑设计（北京）有限公司
主创设计：常可、李汶翰、刘敏杰
设计团队：姜宏辉、张昊、赵建伟、林旺铭、冯攀邀
建筑面积：1000 ㎡
主要材料：金刚砂、橡胶木、钢结构、隔断阳光板
坐落地点：北京
完成时间：2018 年 3 月
摄　　影：孙海霆

中车 1987 文创园位于北京丰台区二七机车厂内，整个百年厂区的生产区域整体逐步将改造为巨大文创园区，普罗建筑被委托进行示范区整体建筑改造和规划，未来整体开发将遵循示范区的改造思路和原则进行大范围推广。C19 号厂房位于启动区核心，被计划改造成第一个示范展示中心。

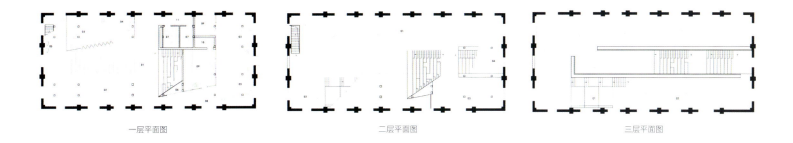

一层平面图　　　　　　　　　二层平面图　　　　　　　　　三层平面图

1 | 3
2

1: 路演区为一个三层通高的中部空间，作为座位的大楼梯从天空上倾泻而下
2: 局部细节
3: 空间透视

1		3	
2		4	5

1: 盒子上面有条形开口隐约看到内部景象
2: 一楼空间局部
3: 原始厂房结构屋顶
4: 拾级而上
5: 休闲区

首先通过对老建筑上部天窗和底部前后贯通的两个原始入口，在"壳"内植入一个十字形，以这个十字形为基准生成了改造后的空间形式。这个植入部分有着中心盒子连续步行系统，人们可从一层拾级而上到达二层，从二层再到三层，从三层回到一层，形成一个完全不重复环形流线。而这个环形步行体系体现出了作为展示中心的功能，即人们可以通过不同层面环形浏览去体验原始建筑在不同高度所产生的不同空间变化。

一层为公共路演区，二、三层为展示洽谈办公区。路演区为一个三层通高的中部空间，作为座位的大楼梯从天空上倾泻而下，上面正对着屋顶中部的天窗。这部分感受到新植入空间包裹着原始旧空间，成为了原始空间的"意义上的外部"。楼梯对面可看到一条环形白色物体悬浮于厂房中部，它与原始厂房墙面完全脱开，边缘处用金属网衔接，空气在其缝隙中自由流通，夜晚到来，这个白色异质物就像飘浮在老建筑外壳里，同时又是人们使用整个空间的线索和发动机。盒子上面有条形开口隐约看到内部景象，白色物体上下露出原始厂房墙体，在这里感觉厂房作为一个整体，将植入物体包裹，再次形成了"意义上的外部"。二、三层连续的空间被巨大暴露原始厂房结构屋顶和中部的一个布满开口出风口的白色舱体所定义。在这个联系的空间中感受不到任何一层感觉，而是完全被原始厂房屋顶和墙壁包裹，中间舱体盒子暗示了我们在盒子的"外部"，同时通过盒子上洞口看到下方路演区开敞景象，又感到相对于下面的开敞，我们处在上面的一个盒子的"内部"。

▶ BUSINESS DISPLAY 商业展示

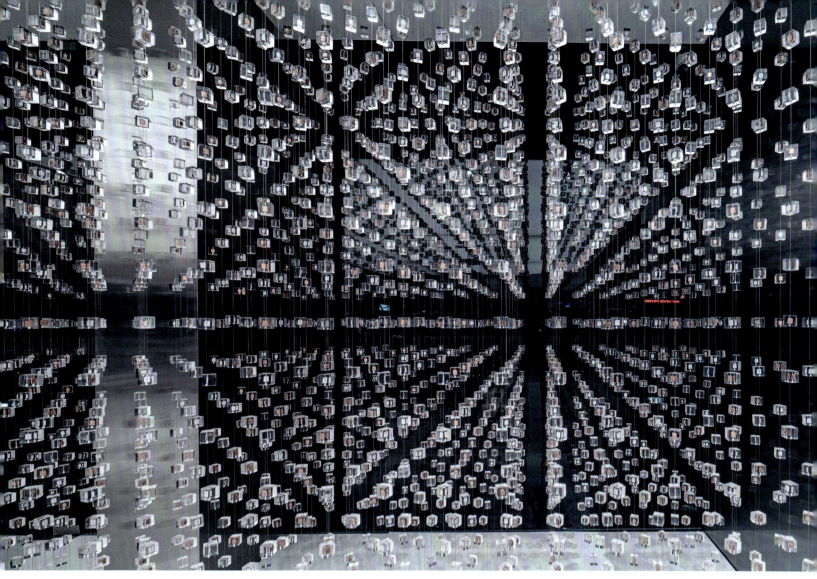

1: 外立面
2: 接待台
3: 上万个水晶块和 SIM 卡组成的空间点阵

中国联通智慧生活体验馆

CHINA UNICOM SMART LIFE EXPERIENCE HALL

设计单位：dEEP Architects
　　　　　深度建构（北京）建筑设计有限公司
主创设计：李道德
参与设计：吴一迎、张新源、周源、蒯鼎、周璟
建筑面积：110 ㎡
主要材料：亚克力、锻纹不锈钢、人造石、透光膜
坐落地点：上海
完成时间：2017 年 11 月
摄　　影：吴清山

位于上海江苏路的原联通营业厅是一个典型的传统销售和服务模式下的缩影。要将此空间改造为"新零售"模式，就需要对这个空间进行重新定义。我们希望通过参数化的设计手段将新的零售空间打造成一个灵动、具有科技感的体验场所。并将 "万物互联" 的概念化作由上万个水晶块和 SIM 卡组成的空间点阵，形成客户对体验店的第一印象。

体验店的内部空间，用数百个透明亚克力盒子堆砌而成的展架，穿插在整个空间中。这些盒子设计为不同的高度和体量，相比传统货架更具弹性和趣味，可将产品放置在这些透明的装置物之间，可以根据不同的条件和要求自由组合为各种形态，从而形成展台、展架等。基于联通－天猫体验店未来面向更多城市店面升级改造的策略，这种"细胞"式设计所提供的功能和空间弹性可以应对未来复杂的店面条件进行灵活变化和搭配，同时作为第一视觉标识，维持新零售空间极强的品牌辨识度。

平面图

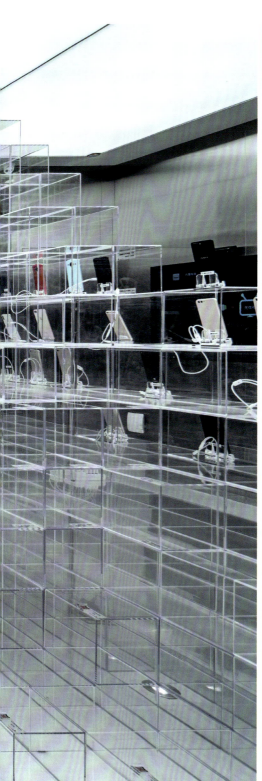

1: 强烈的视觉效果
2: 入口
3: 数百个透明亚克力盒子堆砌而成的展架

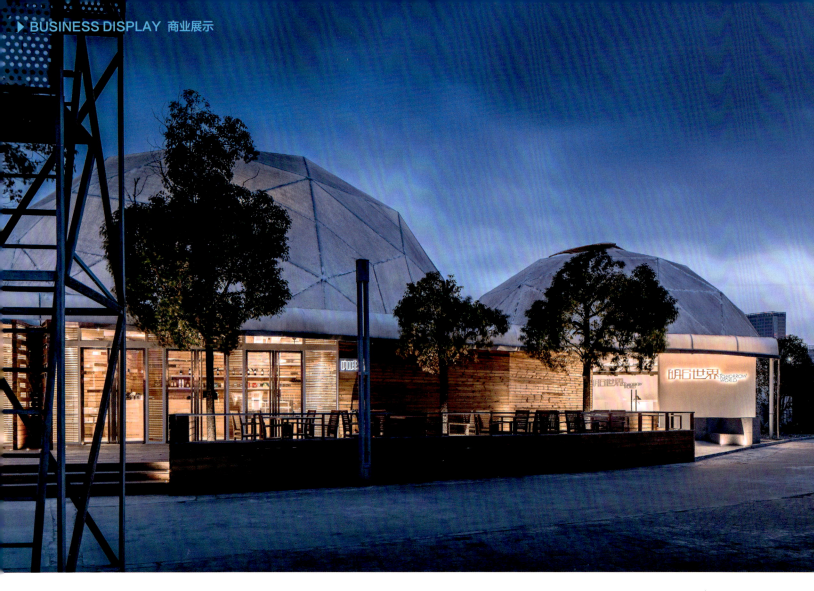

1: 建筑外立面
2: 楼梯

明日世界设计中心
TOMORROW WORLD DESIGN CENTRE

设计单位：纬图设计有限公司
主创设计：赵睿
设计团队：黄志彬、刘军、刘方圆、罗琼、伍启雕、袁乐、何静韵、吴再熙
建筑面积：4200 ㎡
主要材料：灯膜、钢材、玻璃、乳胶漆、俄罗斯松木
坐落地点：上海
完成时间：2017 年
摄　　影：张恒、伍启雕

明日世界设计中心是上海世博会留下来的临时建筑，这些年换了好几个业主，他们对室内都进行过不同程度改造，所以最终留下来的内部结构比较复杂。甲方希望做一个公益性项目，免费提供给设计师办公，以及家具展示等。

接受设计任务之前，结构改造已经开始在施工了，到了工地现场，被现场的内部球形网架及错综复杂的裸露钢结构震撼了。在多次结构改造过程后，原有的结构框架已变得十分混乱，但没想到这无意的混乱，却天然地透着一种能瞬间打动人的力度和美感。所以，保留并将原有球形网架的钢结构暴露出来，延伸原有钢结构的穿插痕迹，成了我们整体设计的基本方向和手法要求。为了将这种裸露凌乱美的感觉表现出来，设计特意没有避开墙体与原结构硬撞的痕迹，而是让其像雕塑一样存在于墙体上，形成一幅立体画面。

原有建筑是单层膜结构，整个室内能源损耗很大，为了节省能源，同时又能将现场球形网架的气势和裸露结构的美感保留下来，在室内加了一层透明膜，自然光会照进整个室内。公益性项目应该有一个很大公共活动区，提供给大家举办活动、交流、酒会、发布会、演讲会等，所以功能分区设置了办公室、公共区、产品展示区、会议室、咖啡厅等，这样空间活跃度很好，空间与空间之间也能对上话。为了打破常规办公楼局促感和紧张气氛，室内还种植了很多植物，设置了多重楼梯，人在空间里可以自由走动。

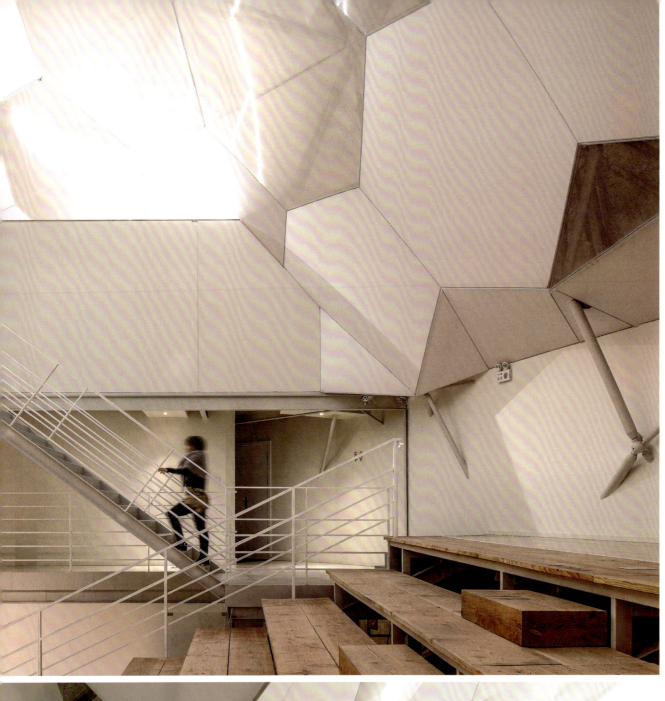

1	3
2	4

1：设置了多重楼梯，人在空间里可以自由走动
2：楼梯口
3：休闲区
4：空间透视

1: 办公区
2: 公共活动区
3: 咖啡区

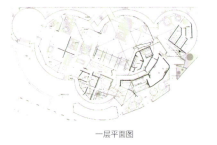
一层平面图

二层平面图

三层平面图

IMOLA 陶瓷展厅
IMOLA CERAMIC TILES SHOWROOM

设计单位：未视加空间设计
主创设计：孙传进
参与设计：胡强、王剑、李明
建筑面积：550 m²
主要材料：铁艺喷色、肌理漆、有色乳胶漆
坐落地点：北京
完成时间：2017 年 12 月
摄　　影：文仲博

IMOLA 陶瓷展厅选址在北京 CBD 南端引领时尚潮流、极富创新的家居建材购物中心——十里河居然之家。设计师把空间作为载体容器，赋予展厅生命和智慧，塑造如奢侈品店一般臻贵高雅的体验馆。在特定环境和场地创作，激发参展者对生活美学的追求，同时完成与品牌文化的精神对话。

整个展厅由纯粹的造型，独一的材料，明亮的质感打造。尤其是如雕塑般扎根于土地再往上流转的楼梯，设计从立体几何发展而未以有机线条类比，其隽永有序赋予楼梯这般理性、流动、轮廓遒劲且富含生命力的动势。利用线光作出完整的回旋体验梯，将历史时空转动为优雅庄严之美。采用集装箱 CONTAINER 的理念和光线附以科技调性也是空间亮点，剩余后白包裹住的展示空间，将整个场域浸入在简净智慧的气息。整体布局串联人物的感官，通过 "SEEING" "LOOKING" "WATCHING" 不同的视觉感受，从认知到意识的历程与 "IMOLA" 陶瓷和设计师进行时空的对话，使人专注地投入空间体验中。

1: 主入口
2: 前厅
3: 样板间

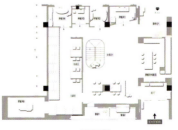
一层平面图

二层平面图

2
1
3

1: 共享区强烈的黑白对比
2: 共享区如雕塑般扎根于土地再往上流转的楼梯
3: WOOD 吧

BUSINESS DISPLAY 商业展示

1	
2	3

1: 外立面
2: 玻璃幕墙服装展架区
3: 隧道外部区域

MINZE-STYLE 名师汇

MINZE-STYLE CENTRE

设计单位：共和时代装饰设计有限公司
设 计 师：何华武
建筑面积：1200 ㎡
主要材料：钢板
坐落地点：福建福州
完成时间：2017 年

"MINZE-STYLE"一直是中国时尚潮女装行业领先性品牌，她继承意大利时尚传统魅力设计风格，结合东方大都市女性的形体美及世界各地不同流行元素。

展厅内部空间呈现原始野性的魅力，钢制表皮带来现实感。这种"直白"式架构材料，空间所形成的直接性与朴素性，加上大尺度钢板落地产生的力量感或轻盈感，使整个空间与原有场地建筑取得时间与空间的接续关系。利用"拱"多变的空间特性，产生不同空间，打破了均质的体验。这是一个回忆的过程，再一次将建筑的体量与空间对话，越是简单的形体逻辑，越能给人带来深刻的印象，弧拱曲线柔和，呈现不同角度美感。我们试图转化传统"拱"，让"拱"在均质呆板的现代空间上制造新的突破，获得自然能量并把它转化为空间秩序。浓烈的空间美感，显示该品牌的重要意义。弧拱同空间一、二层相连，创建出有趣的空间状态，吸引顾客好奇心。

$\frac{1}{2}\Big|3\Big|\frac{4}{5}$

1: 大U形服装展示区
2: 隧道出口
3: 拱形展架区内部
4: 楼梯入口处
5: 入口拱形隧道

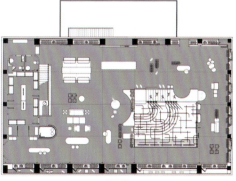

平面图

▶ BUSINESS DISPLAY 商业展示

金融城艺空间

JINRONG CHENGYI SPACE

设计单位：广州名艺佳装饰设计有限公司
设 计 师：刘家耀
建筑面积：460 ㎡
坐落地点：广州
完成时间：2017 年

对不足500平方米的空间边界切割和二次构筑，融入流动的人、艺术与阳光全部都作为空间内容，这是设计定位为"当代艺术体验馆"的金融城艺空间最好的处理。金融城艺空间展厅的空间核心价值和意境，是将边界中可名状及不可名状的部分皆作为使用内容，即"有"和"无"的矛盾与融合。人文风情的"动"加以设计"静"的扩容，使之成为艺术展示、文化创意、多功能工作坊等多维度一体的当代艺术体验馆。

将原建筑的两层空间重组秩序，一层大阶梯的融入与二层夹层的镶嵌，将整体有机分割成3.5层空间。一、二层间架设"Z"形大阶梯设计将空间巧妙裁割多出半层维度，产生化学效应般的三重空间效果，八米高的条型栅格，既是扶手又是承力结构，安全性与美感并存。二层空间与玻璃面围绕的夹层互为一体，相互依存。打散物理固态形组，融入阳光、影子、流动的人群，这些都是金融城不可或缺的组成部分，亦是此处空间灵魂。二层逐现的艺术吊饰装置运用的是环保可循环利用的——碳，作为装置主体净化室内空气，美化居住环境，集观赏性和环保性能于一身。

1: 一层大阶梯，下方空间也为展览活动留足必要储放位
2: 细节特写
3: 二层与三层间中空碳艺术装置吊饰

1	
2	3

1: 二层夹层，整体有机分割成三
2: 二层空间与玻璃面围绕的夹层互为一体
3: 连接两层八米高的条型栅格

二层平面图

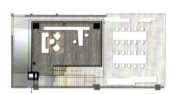

夹层平面图

首层平面图

摩根智能家居展厅

WECOTURE HAUTE COURTURE

设计单位：中赫空间设计公司
设 计 师：单钱永、刘朝科、施泉春
建筑面积：1250 ㎡
主要材料：黑色金刚木、尼斯木皮、钢板
坐落地点：上海
完成时间：2018 年
摄　　影：金选民

德国摩根展厅面对的是对生活有高品质要求的高端客户群，所以甲方希望展现给客户的是最好的东西，不能因为做智能化系统就只在设备和系统上下功夫，而是要给客户犹如他自己家高度匹配或者超越的认知，从而对产品定位有一个清晰认识。

本案我们不仅完成智能家居各大系统和设置变化在空间中展现，也在空间氛围和品质传达上下足功夫，软硬装材料都是以一线豪宅标准选择，涉及品牌包括巴卡拉的水晶灯、B&B 的家具、B&O 的试听设备、香港霍夫曼的软装以及 STF 国振的木作固装等，"做别人想做而不敢做的"，这种超前的投入和理念，就是为了在展厅完成之后，给客户直观感受，给设计师专业的印象和展示，用专业和品质来提升购买欲。

作为智能家居展厅，智能化系统和功能的展示是首要的，其次凸显展厅的品质感和高度，再次才是局部细节和美观。比如不同照度下光的效果、环境的变化等。采用大面积落地玻璃以适应窗帘系统的展示和营造较为封闭的高端预约场所。落地玻璃拼接处理上没有打胶，反而留了缝隙，这是一个十分显著的特点，一来没有胶水的杂色比较美观，二来留出缝隙可以有效利用商场公共部分的新风，保障内部环境的舒适。

| 1 | 2 |
| | 3 |

1: 入口
2: 过道
3: 客厅

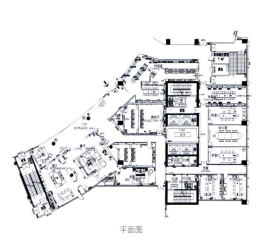

平面图

1: 餐厅
2: 卧室
3: 卫浴间

BUSINESS DISPLAY 商业展示

WECOTURE 高级定制

WECOTURE HAUTE COURTURE

设计单位：重庆朗图室内设计工程有限公司
设 计 师：于丹鸿
建筑面积：600 ㎡
主要材料：石英砂、钢筋、水泥
坐落地点：重庆
完成时间：2017 年
摄　　影：李季风

1: 入口
2: 婚纱展示区
3: 展示区

1	2
	3

1：现场体验完全是巴黎时装秀场即视感
2：试衣区多个镜面反射，360度无死角全方位展示
3：天棚

重庆，有这样一家婚纱店，空间封闭，线条简单，色调单一，质感粗犷。在这样的婚纱店空间是怎样一种体验？封闭的环境，特别设计的光源汇聚焦点，设计师将线条和转折尽可能减少，墙面用石英砂、钢筋和水泥适当配比。最古朴的材质，经过手工反复打磨，其特性发挥到极致，干净、粗犷、纯粹，一个极简的雅奢空间，完美呈现。人，成为真正的主体主角，镜面增加空间趣味性，多个镜面反射，360度无死角全方位展示，披上婚纱的新娘，能达到很好的互动效果。"完美的感受，大于完美的空间。"设计师谈到婚纱店设计时说。

有足够层高的空间，既要有很好的体验感，又要满足功能需求，利用正面墙壁大量留白用LED直接投影，让空间素雅不失时尚感，现场体验完全是巴黎时装秀场即视感，完全开放的一、二层空间，让整个空间大气，充满趣味性，即使是一个人仍然能达到人与空间的互动效果。

并不是所有的婚纱店都需要柔美、华丽、奢华，那只是满足大部分人的需求，新一代有个性的都市独立女性，并不需要这些东西去安慰，所以就需要硬一点的东西，空间尽量简单干净，将婚纱直接呈现，当客人在试穿婚纱时，没有其他多余的东西转移她的注意力，唯有她自己和婚纱。好的设计应该是用最少的语言去诉说最有力的话语。

二层平面图

一层平面图

▶ CULTURE AND EDUCATION 文化教育

帕特艺术留学中心

PART INTERNATIONALE ART AND DESIGN EDUCATION

设计单位：朴居空间设计事务所
建筑面积：320 ㎡
主要材料：混凝土、玻璃、砖
坐落地点：上海
完成时间：2017 年
摄　　影：Susan Tan

1 | 2
3

1: 建筑外立面
2: 入口
3: 前台

平面图

PART STUDIO 是一家艺术留学教育机构，场地形态为 25 米 ×10 米长方形，室内空间需求多样：一间 30 人左右教学空间（同时可转换成 50 人左右讲座及展览空间）、4 间独立小教室、公共办公室、接待室、VIP 休息室、卫生间、储藏室等。面对复杂的外部环境，最初的概念是明确室内外边界，消隐室内各个区域之间的界限。首先通过室外墙体增加开窗的面积和数量，最大化地保证采光的引入，运用通透的围挡景观分隔保证室内外的视线互不干扰，以及设备的遮挡。为适应展览和讲座的功能，设计营造一个环形的廊道结合景观的体块，在空间中形成连续的循环交通。开放的大教室引入灵活的储藏空间，满足展览之时收纳桌椅的功能。材料上设计师采用原先老旧的木地板及条形砖，地面则随机保留原有地砖与混凝土相结合。

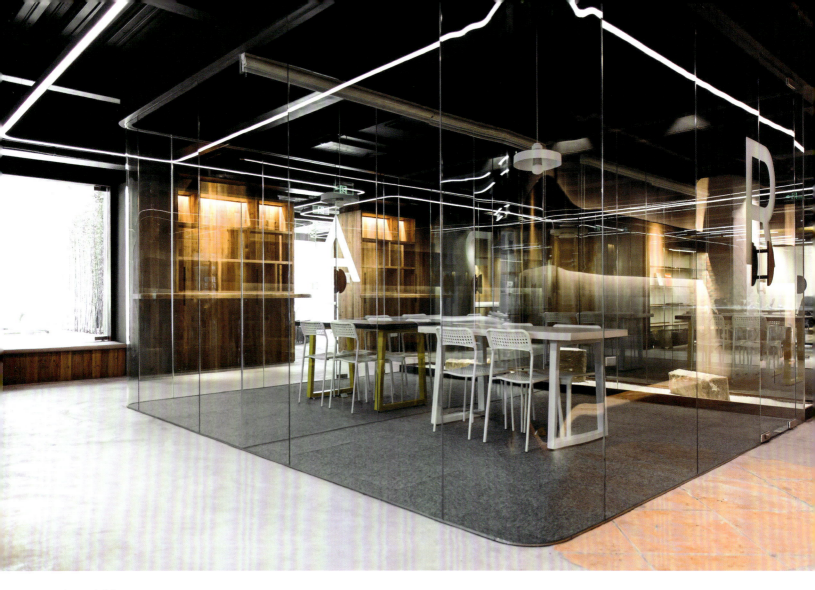

1	4
2	3	5	6

1: 教室
2: 过道
3: 教室
4: VIP 休息室
5: 教师办公室
6: 洗手间镜子形成奇妙视觉效果

▶ CULTURE AND EDUCATION 文化教育

童心塑造玩趣空间

CHILDISH JOY SPACE

设计单位：目心设计研究室
主创设计：张雷、孙浩晨
设计团队：张仪烨、姜大伟、张书航
建筑面积：108 ㎡
坐落地点：上海
完成时间：2017 年 5 月
摄　　影：张大齐

在空间的不同领域进行设置限定，可引导孩子们自发地探索自由与隐私的界限，促成其个性发展。多变的空间类型，不仅可为孩子们提供探索的动力，也丰富了儿童间嬉戏与互动的方式，在不同空间的不同活动，体现了孩子们外向与内向的性格特质。在这体验式儿童阅读空间中，我们希望通过对空间的塑形创造出符合儿童特质的体验场所，从而激发儿童的想象力与创造力。

1：高低错落的阶梯，可作为座椅的中心书架
2：流线型的开放阅读区
3：流线型的书架隔断与柔软的地面

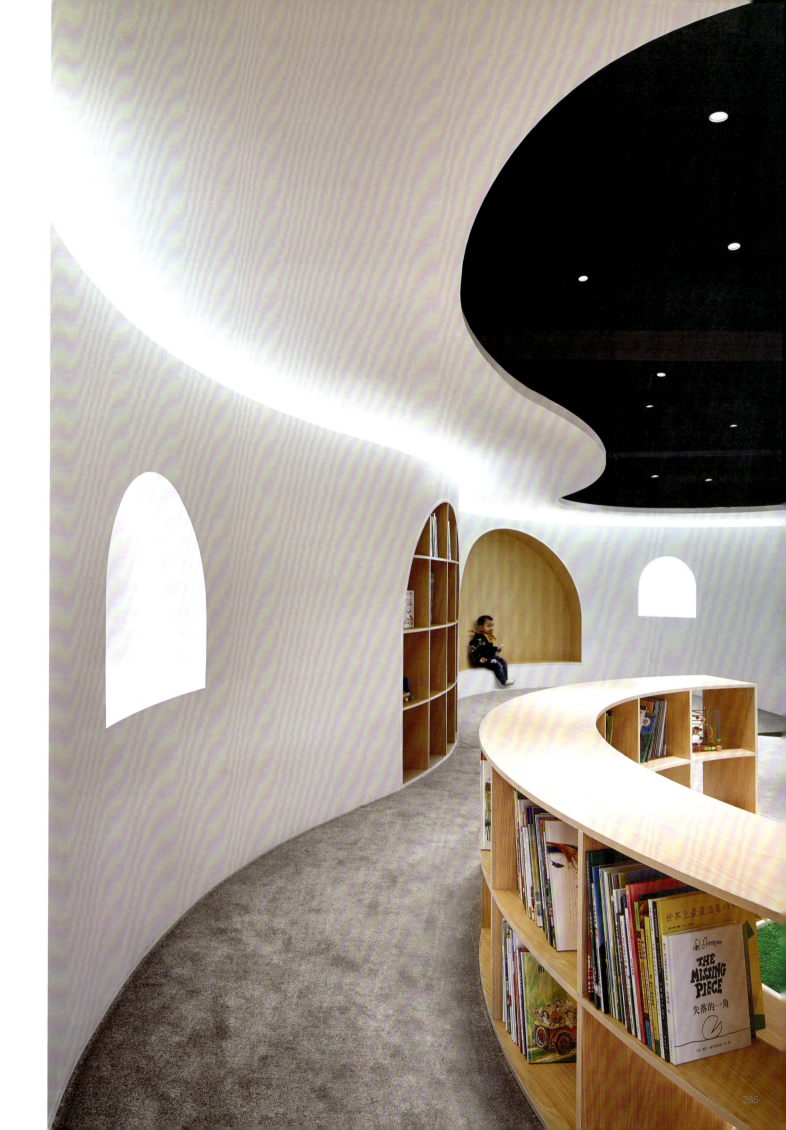

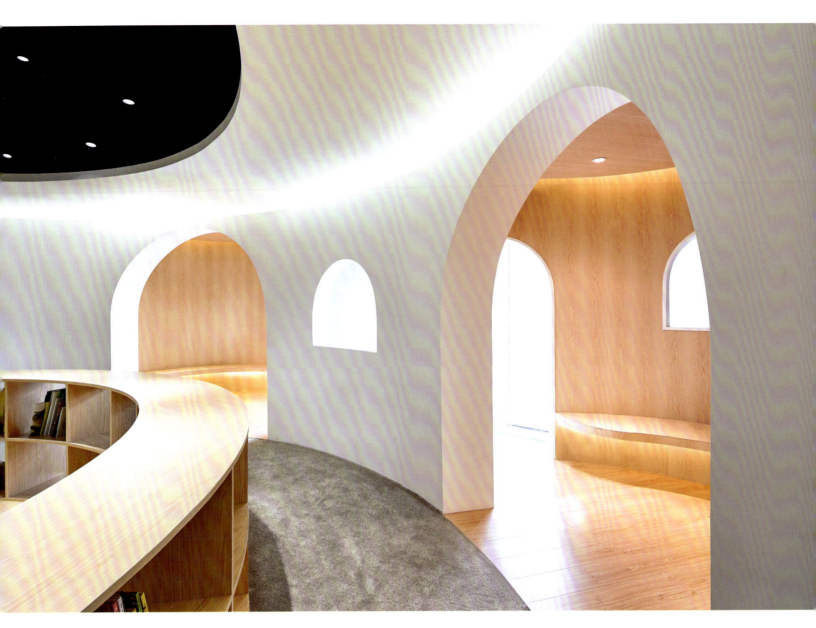

1: 拱门外的环形过道
2: 半开放独立阅读区
3: 绿色植物从"室外"透进来

在对多个儿童空间进行调研与体验后，我们希望摒弃目前各种具象生硬、过度装饰、浮于表面且缺乏想象力的儿童空间设计手法，转而从空间形态本身的趣味性出发，将整个空间本身打造成一个巨大的玩具，让孩子们毫无束缚地、自发地去探索、发掘和创造属于自己的趣味空间和生动体验。我们的灵感取自于所有儿童熟悉且热衷的简单游戏：吹泡泡。我们将若干个功能空间，按照其相应尺度，像肥皂泡泡般融合在一起。使这些不同功能的空间能彼此融合互渗，既令各部分构合为空间形象的整体，也确保了各功能空间能在边界处进行视线交流与身体互动。在小小的尺度里创造出多种形式和层级的空间形态。开放与独立、共享与私密、室内与室外等不同的空间体验在这里有机结合。

平面图

金易金箔艺术文化馆

JINYI GOLD FOIL ART AND CULTURE CENTRE

设计单位：后象设计师事务所
设 计 师：刘飞、路明
建筑面积：300 m²
主要材料：水泥、矾石、欧松板、灰麻火烧板
坐落地点：武汉
完成时间：2017 年 7 月

| 1 | 2 |

1: 龙椅文化展示区
2: 展馆入口装置艺术

项目需要展示主体为纯金99.99的金箔艺术，介绍金箔的历史与文化。而且需要满足设计师金箔应用培训、沙龙聚会、拍照留影、商洽、金佛塑像展示、艺术品展示、金箔材料与传统金箔加工工艺的展示等多种功能。

空间上，我们需置入繁多的功能模块组合并使之交融与共享，说服业主将原本隔成若干的小房间全部打开，把各个功能整合在大空间中，开放式空间既可以是沙龙场所，也可以欣赏展品、商洽或者是在龙椅装置前拍照留影，体会金箔材料与传统金箔加工工艺的流程，欣赏历来中外金箔工艺品，甚至了解金箔在其他领域的应用。空间意境以如何诠释"金"作为切入点，阳光透进大地，云气引发蒸腾，树木（木）、河流（水）、山川（土）、心中燃起的火种，使用自然的材料与元素来实现我们提出的"万物生金"理念。每平方米几十元的灰麻火烧板刷黑色亚光环氧树脂漆、欧松板、水泥，加黑色墨汁直接滚涂墙面。以前惯用的钢板造价太高不能使用，将水泥板裁条染色，可以达到非常好的效果。整个空间用蒙太奇手法营造，在现代的时尚里，看见怀旧的古典。

平面图

1: 金箔历史文化展示区
2: 金箔历史文化展示区
3: 细节
4: 细节
5: 细节
6: 展示沙龙共享区

CULTURE AND EDUCATION 文化教育

1|2|3　1：从正门进入一段台阶将观众带入到几乎全黑的空间内
2：黑色走廊
3：沿墙长椅

间离剧

JIAN LI JU THEATRE

设计单位：木君建筑设计咨询（上海）有限公司
设 计 师：徐仪君、桥义
建筑面积：930 m²
坐落地点：上海
完成时间：2017 年
摄　　影：Dirk Weiblen

来到这个剧院的观众，都是自己这出戏的演员和导演。间离剧以独特形态为观众提供了别具一格的体验。剧院构思要求建筑师对空间、事件和运动进行仔细思考和设计，从建筑层面处理个中关系。建筑师在深思熟虑后，决定以夸张的形式、灯光和流线来应对这一挑战；将黑色电影的艺术表达和强化的戏剧感融入到设计中，创造出一系列对比性极强空间，身临其中好似在欣赏一组胶片镜头蒙太奇。

参与观众会事先收到时间、地点和数字三条信息，从正门进入，一段台阶将观众带入几乎全黑空间，通过对流线设计，使观众就此与外界暂别。弯曲黑色走廊，微暗灯光和不对称构图造成迷失感，将观众引向剧场内部。空间按线性排列展开，促使观众不断向前探索。空间色调连贯、单一、极简，建筑师通过对石膏表面处理，赋予空间光泽度和层次感。明亮大厅与此前空间形成对比，内墙吸音板和沿墙长椅让这个独立的房间略显柔和，观众可以在演出开始前喘息片刻，静静等待高潮来临。

平面图

时辰到来，参与者各自进入一狭小更衣室。针孔光圈将房间号码投射到黑暗走廊地面，气氛略显诡异。此时参与者收到一份手稿开始角色准备。换上服装表演者走进一条狭窄环绕走廊，根据放大镜里的显眼数字找到对应房间。完全不对称走廊设计，刻意营造不安情绪，为接下来表演拉开序幕。演出结束大家来到一个全镜面房间，并可以在此拍照留念。建筑师通过这一设计，再次向胶片和电影传统致敬，并试图诠释和思索演员与观众这两个角色间的模糊界限，同时呼应整个空间的设计理念。

1 | 3
2 | 4

1: 针孔光圈将房间号投射到地面
2: 更衣室
3: 全镜面房间
4: 过道

苏州礼堂

SUZHOU CHAPEL

设计单位：如恩设计研究室
建筑设计团队：郭锡恩、胡如珊、杨延蕙、郭鹏、Begona Sebastian、
　　　　　　　Shirley Hsu、Dana Wu、Maia Peck、鲁永新、邱思敏
建筑面积：700 m²
主要材料：木材、砖、金属
坐落地点：江苏苏州
完成时间：2017 年
摄　　影：Pedro Pegenaute

苏州礼堂位于阳澄湖畔，是苏州东部一片新建度假区内的地标性建筑，无论是从主干道还是湖滨的角度，都可以看到醒目的苏州礼堂。礼堂的建筑语言源自项目中出现的相似元素，例如起伏砌筑的砖墙和漂浮感的白色建筑体，这些元素都在礼堂的设计上得到了更深层的表达。传统的砖砌墙经过精妙分解产生出不同的高度和层次，相互交织制造出灵动的景观，引导人们进入建筑内部。

白色立方体建筑也同样采用了特别处理，建筑分为内外两层。内层是一个简单的"盒子"，四面都有着不规则的开窗；外层则是一个开孔的折叠金属板表皮，有如一层"面纱"。白天，白色盒子在阳光浸浴下发出柔光，在面纱的笼罩下隐现出轮廓。晚上，白色盒子变成了一座如明珠般闪烁的灯塔，光经过窗透散出来，向礼堂周围散发出柔软的光晕。

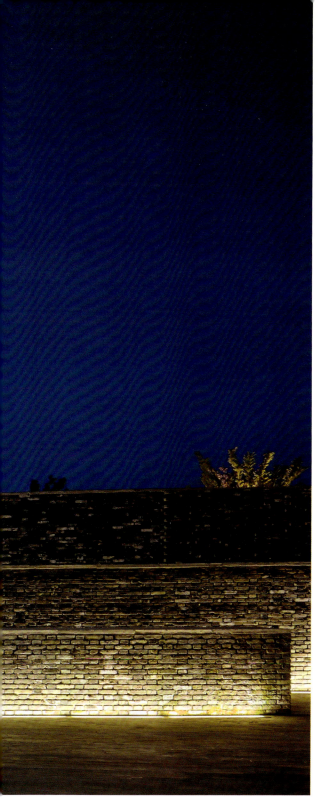

1 | 2
  | 3

1：晚上，白色盒子变成了一座如明珠般闪烁的灯塔
2：建筑
3：建筑外景

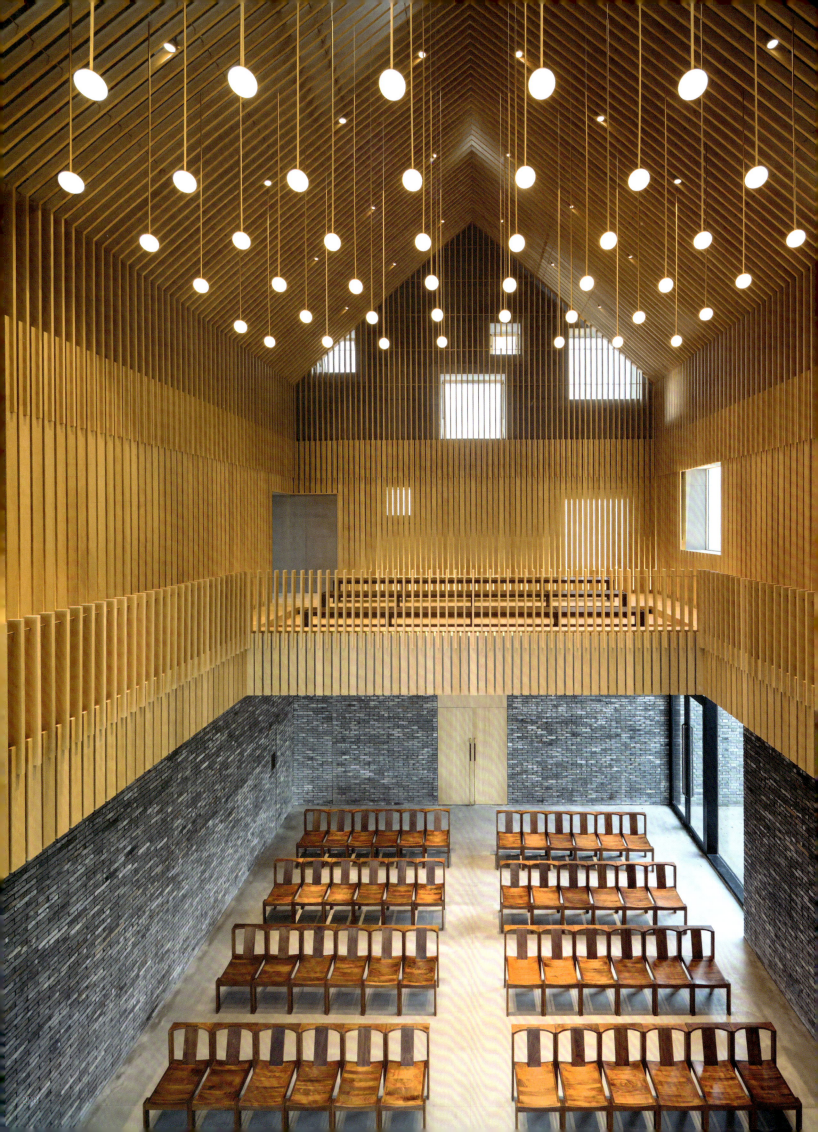

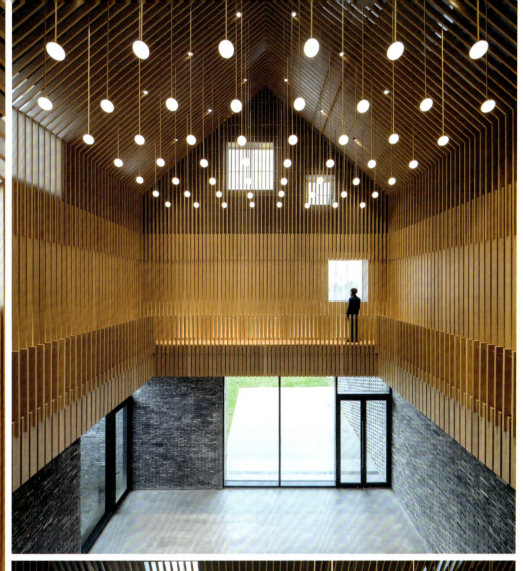

1: 12米挑高礼堂主空间
2: 礼堂内景
3: 夹层空间

进入礼堂内部，人们在穿过门厅后进入 12 米挑高的主空间。礼堂与四周的自然环境相融合，开窗如画框一般定格了风景，制造出宜人的视野。夹层空间设置了座位，可以容纳更多人，延伸而出的步行通道环绕四周，为人们提供了 360 度视角。夹层的形式有如一个木质百叶围合而成的"笼子"，笼罩住整片室内空间。网格分布的吊灯以及精美的黄铜细节为宁静朴实的空间增添了更加丰富的质感。定制的木质家具和精细的手工也在灰砖、水磨石和混凝土组成的主调中补上了一丝温度。礼堂的另一个特点就是与主空间分离的楼梯空间，人们可以通过楼梯到达屋顶，收获周围湖景的绝佳视野，而楼梯的通道两侧都制造了不同大小的开窗，人们在楼梯间上下穿行的途中，也会不经意地透过这些窗洞一窥到室内外的风景。

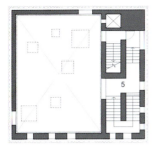

四层平面图

三层平面图

二层平面图

一层平面图

1	3	5
2	4	6

1: 礼堂夹层过道
2: 人们可以通过楼梯到达屋顶
3: 楼梯
4: 楼梯
5: 礼堂外观
6: 砖墙细节

1: 建筑外立面
2: 二层露台
3: 露台区域
4: 入口

三区美术馆
THREE-AREA GALLERY

项目位于北京一处创意产业园区内，作为一处被要求成为聚会、发布会和艺术品展出空间，它不该属于瞬间艺术，而是需要在限定范围内营造出让受众过目难忘、回味无穷的视觉效果。甲方是三名女孩，每一位身份几乎都是多重职业，拥有各自行为张性与人格特点，她们既是这个时代的PE（投资人）又是时尚行业行走者。三区也是她们共同为彼此友谊而设定的领域。而空间只有一个，如何设计这个需要多性格的空间？

一个项目它一定是一个整体性的，而整体性它是不需要界限的，将视觉间边界模糊化，用几何建筑体块在整体空间中再次进行空间组合。经过组合的空间中留出一定空白，营造一定含蓄，让受众去体会、感受才有趣味。三区靠一个白色走廊贯穿了整个空间的每一层出口、入口、坡道、与楼梯的体系来完成的，就像一个神经中枢穿越时空：它时而进入通高的中庭，时而进入狭小半私密的开敞空间，同时又连接着楼层之间的流线转换。漫步式的体系不仅是交通的内核，更创造了一个丰富而富有身体节奏感的漫步秩序。融为一体的连廊则弱化了固化的空间感，形成活跃的交通聚集空间，诱导人们通过这些路径在不同的空间内交流与互动。

设计单位：寸DESIGN
建筑设计：崔树、大周
室内设计：崔树、吴巍
参与设计：刘孝宇、马仕佳
建筑面积：2300 ㎡
坐落地点：北京
摄　　影：王厅、王瑾

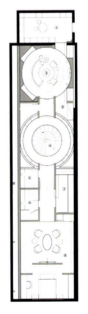

负一层平面图

一层平面图

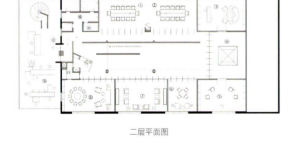

二层平面图

1	2
	3	4

1: 楼梯
2: 局部
3: 细节
4: 会议室

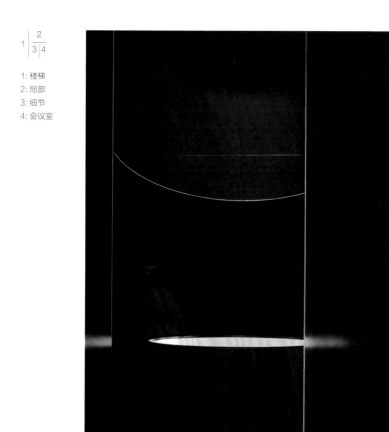

▶ CULTURE AND EDUCATION 文化教育

保利 WeDo 艺术教育机构
POLY WEDO ART EDUCATION

设计单位：建筑营设计工作室
设计团队：韩文强、宋慧中、李云涛
坐落地点：北京
建筑面积：770 ㎡
完成时间：2017 年 6 月
摄　　影：王宁

保利 WeDo 艺术教育机构主要教授孩子音乐、舞蹈以及茶艺、厨艺、手工等课程，空间设计需要为上述需求提供恰当教学场地。设计受到传统园林之中叠石假山启发，制造一组层叠错落"假山"，让孩子们可以在此尽情游玩嬉戏。

1	3
2	4

1: 前台接待
2: 游戏区
3: 合唱教室
4: 琴房

1		1: 圆洞座椅
2	3	2: 手工区
		3: 舞蹈教室

原建筑空间平面呈L形，入口位于尽端一侧，由外向内流线比较长。设计采用连续弧形墙面挤压出一条曲折迂回走廊，激发孩子们探索欲望。弧形墙面分别划分出音乐教室、接待区、厨艺区、茶艺室、娱乐区等。一系列正反拱形洞口进一步改变了各个区域之间虚实关系，制造了层叠交错的视觉趣味。当孩子们身处于走廊中，有时是幽暗封闭的山谷，有时是开放通透的山巅，有时则是只能容下两个孩子的山洞。音乐教室由弧形玻璃密闭，保证隔音需求又可实现开放教学环境。茶艺区与厨艺区由反拱形墙面分隔，墙面就是让孩子跨越、休憩、玩耍的道具。手工区处在走廊转角，孩子们可以围坐在一棵树下做手工。九个钢琴私教教室排布在走廊两侧，每个教室被设计为一个山洞，拱形墙面有利于混音，保证教室声学品质。

走廊尽端为舞蹈教室，设计将其定位为一个与木色空间形成对比的"室外空间"。建筑原本结构管线全部裸露，地面铺设的灰色地胶在临窗蜷曲成为座椅。通透落地玻璃、落地舞蹈镜与室外街边树木掩映成趣，室内外场景自然连接。

平面图

CULTURE AND EDUCATION 文化教育

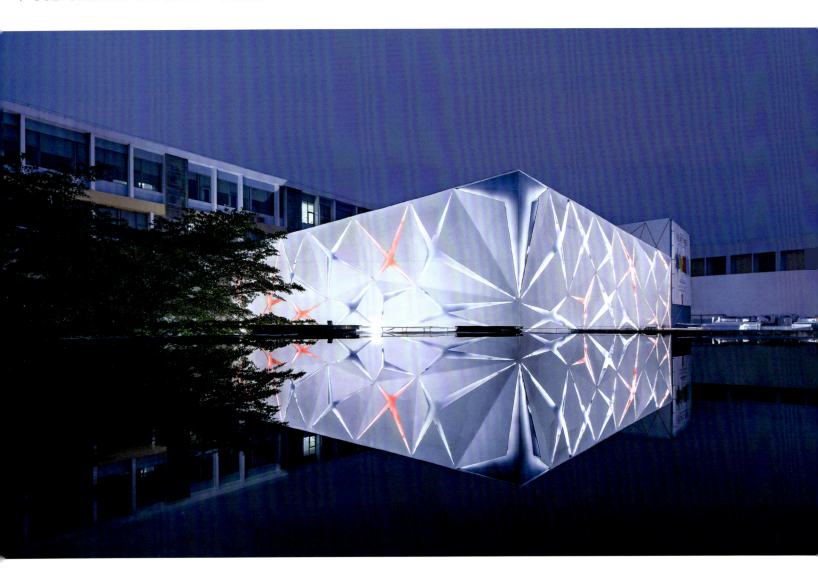

广州美国人国际学校

AMERICAN INTERNATIONAL SCHOOL OF GUANGZHOU

设计单位：广州维川建筑设计有限公司
主创设计：许牧川
参与设计：蔡敏希、郑海恩、何灵静、陈晓玲、梁文昭
建筑面积：2135 ㎡
坐落地点：广州
完成时间：2017 年 6 月

1：建筑外观犹如一个待拆的礼物盒子
2：大堂
3：艺术前厅

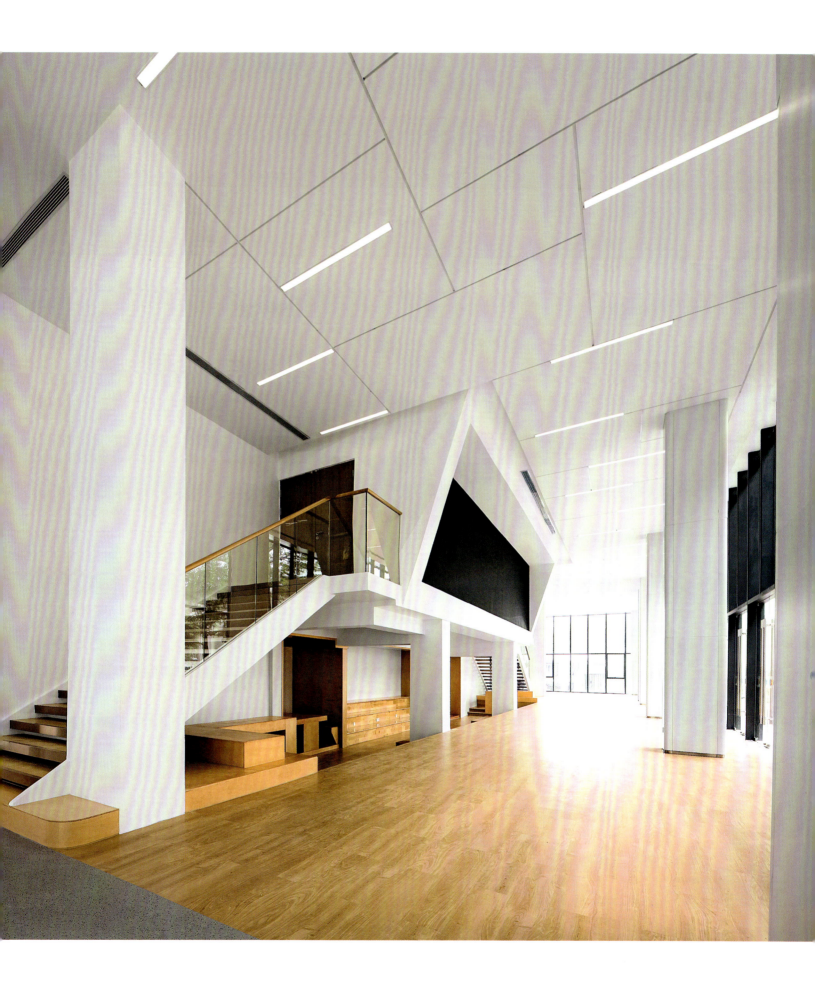

作为一所国际性学校，包容了多种族文化，利用空间多种形式的变化，为学生们营造一个开放包容、展现自我的场所是这次设计的宗旨。设计师根据学校特色和环境，完成了广州美国人国际学校礼堂的室内设计项目，希望这个打开的"Gift Box"，能为广州美国人学校的师生创造出激发梦想和更好地发展未来的空间。他们打开的不是礼物盒礼堂，而是孩子们的天赋与未来。

礼堂建筑外立面利用打开的礼物盒几何元素，使用GRC打破原建筑墙面局限，分封暗藏的LED灯带令整体建筑神秘而梦幻。夜间外立面造型结合学校代表颜色的灯光使得该建筑成为整个区域亮点。利用折板造型打造的建筑外观，犹如一个待拆的礼物盒子，充满着对未知的探索和对未来的期盼。因为是儿童、学生为主要使用人群的空间，室内硬装材料除了满足设计效果需求外，更多的是从环保、安全、无毒无害、低碳的角度出发考虑，希望营造出来的室内空间更具生态的舒适感和安全感。

1: 礼堂
2: 公共空间走廊
3: 艺术前厅局部
4: 公共空间壁柜
5: 多媒体室

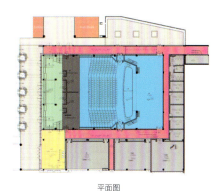
平面图

CULTURE AND EDUCATION 文化教育

东莞永正书城

DONGGUAN YONGZHEN BOOKSTORE

设计单位：广州汇祺建筑装饰设计工程有限公司
主创设计：冯宇彦
参与设计：曾卓中
建筑面积：730 ㎡
主要材料：水泥漆、复合木、再生木、铁艺
坐落地点：广东东莞
完成时间：2017 年

跨界的文化之旅，把传统的书店营销转向成为精英品质的生活平台，集书籍、艺术、咖啡、商务、家庭聚会于一体。室内设计体现自然气息与质感的轻工业风，点睛运用自然的元素，融入回归心灵本质。局部垂直空间组合，丰富视觉层次和强化顾客参与感。经济型用材，注重环保理念，使用了水泥漆、复合木、再生木、铁艺等。永正书城不是书店，而是一个文化平台，一种未来的生活形态，是一个优雅自在的天堂，在这里你可以捧着一本书，点杯咖啡，坐在椅子上享受一个下午的美好时光。

1	3
2	4

1: 富有时空感的入口
2: 流畅动线
3: 前台
4: 精品区

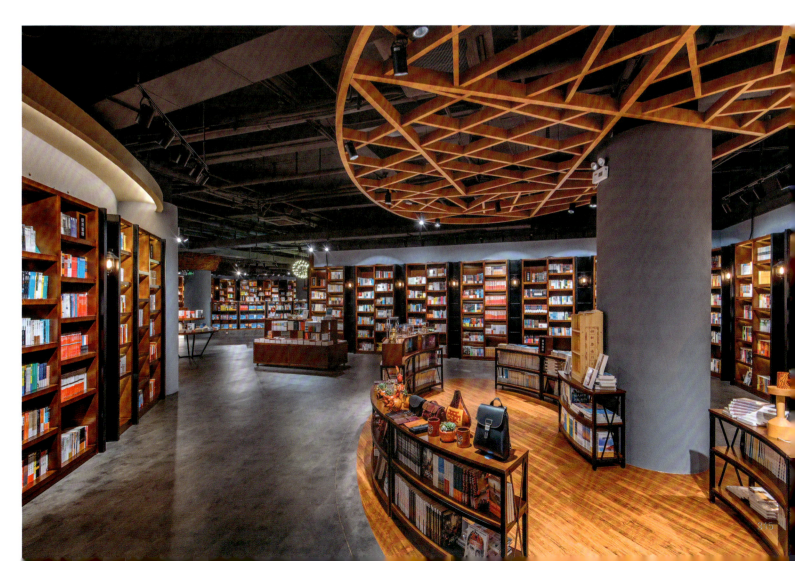

平面图

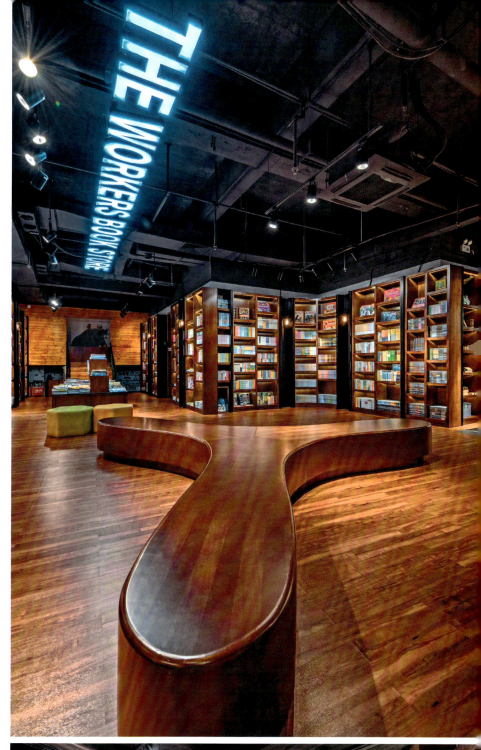

1	2
	3

1：咖啡区墙身绘画
2：天花英文字母设计带来不同感官
3：利用局部复式构造打造出有层次空间

▶ CULTURE AND EDUCATION 文化教育

1: 展示馆建筑正侧面
2: 展示馆建筑后侧面
3: 印象黄山展区中庭

黄山市城市展示馆

CITY EXHIBITION HALL OF HUANGSHAN

设计单位：亿品中国
设 计 师：郭海兵
建筑面积：8000 m²
主要材料：花岗岩、大理石、硅藻泥、氟碳铝板
坐落地点：黄山
完成时间：2017 年

黄山市城市展示馆是面向中外游客展示黄山市城市形象、传播徽州文化的重要载体，位于安徽省黄山市屯溪区迎宾大道 56 号，毗邻黄山屯溪国际机场。展示馆空间灵感源于诗仙李白著名诗句，形似巨大山石的异型墙体，让我们感受到"黄山四千仞"的雄壮；墙体与空间之间的构成，体现"丹崖夹石柱"的气势；前方宽大台阶，体会到"攀岩历万重"的艰辛；超大落地玻璃幕墙，彰显"碧嶂尽晴空"的气魄。意境营造提炼出黄山市的自然和人文特色元素，建筑的自然肌理来自于黄山石，黑白灰的展陈格调来自于徽州古村落及建筑特点和风貌。

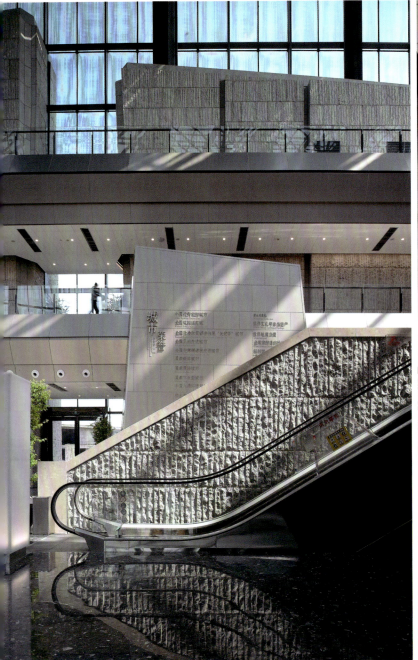

1	2	3
		4
		5

1：印象黄山展区局部
2：印象黄山展区过廊
3：印象黄山展区序厅
4：人文黄山展区
5：长达 41 米的立体影像动画长卷影片

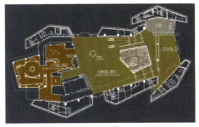
一层平面图

二层平面图

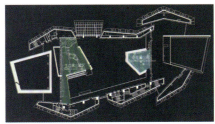
三层平面图

上海喜玛拉雅美术馆藏宝楼

TREASURE HOUSE OF SHANGHAI HIMALAYAN ART MUSEUM

设计单位：上海善祥建筑设计有限公司
主创设计：王善祥
参与设计：张通驿、龚双艳
建筑面积：540 ㎡
主要材料：石板、仿古青砖
坐落地点：上海
完成时间：2017 年

藏宝楼位于上海浦东喜玛拉雅中心美术馆内，藏宝楼是一栋来自江西景德镇清代民居，具体初始建造年代已不可考，运至上海仅木构部分，原有砖瓦并没运来，木构有部分是后补构件。原建筑为二层三进院落，由于美术馆空间有限，只能装下两进。

景德镇古建筑受明清两代徽派建筑很大影响，这栋民居即是典型徽派风格，其中两进之间天井最有代表性，称为四水归明堂，天井开口不大，光影精炼，充满仪式感，且日常起居非常实用。美术馆空间高度有限，因此古宅搭建了两层，但高度都不高。藏宝楼几处天花造型采用拱形，是为了与古宅一层进门处一段木作拱形廊顶相呼应，这段廊上部是古宅原有称作回马廊的空间，现在也做成了展区。一层中庭地面，设计师原来想仿照古建筑做法铺石板四边一圈高一步台阶中间低下去（原为排雨水），馆方觉得不够实用，尤其是观众在凝神欣赏展品时容易踩

1	2	1: 经典徽派明堂天井院
	3	2: 入口门厅
		3: 山、水、竹、瓦

空、绊脚，后来统一改成一样平，便于布置较大型展品。两边厢房作为一层主要展示区，地面铺了仿古青砖。两层楼之间仍然采用传统木构楼板体系。中庭顶上圆形天井是最大亮点，雕饰精美，圆形天井在古代徽派建筑不多见。天井上部模拟阴天自然天光，十分逼真。美术馆这一空间没有任何自然光，为了不让空间沉闷，在最里端设置了一片从一楼至二楼发光墙，正面给人"窗"的感觉。二层除了展示功能还设置了会谈区作为小型会议、沙龙空间。

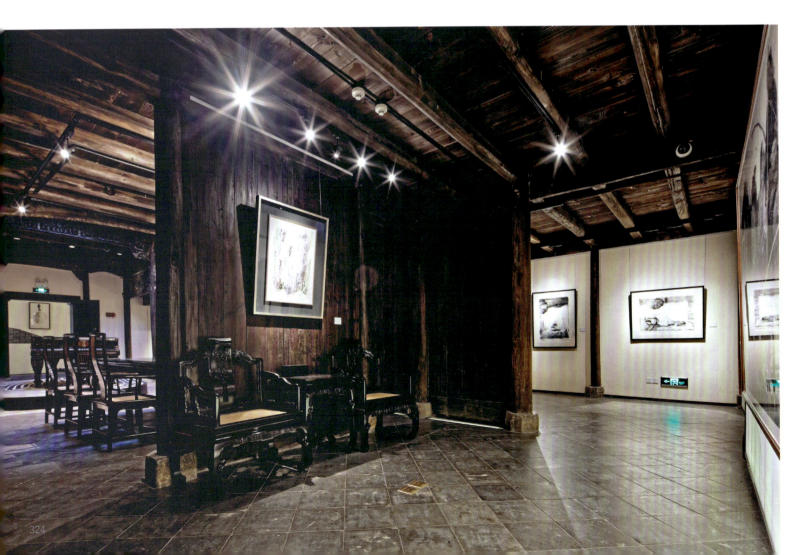

$\dfrac{1}{2}\Big|\dfrac{\begin{array}{c}4\\5\\6\end{array}}{3}$

1: 中堂作为接待及会议空间使用
2: 第二进后堂
3: 楼梯
4: 两侧厢房改为展厅
5: 二楼接待沙龙空间
6: 二楼厅堂稍作分隔

阁楼平面图

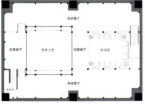

二层平面图

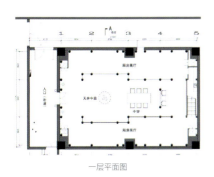

一层平面图

▶ CULTURE AND EDUCATION 文化教育

桃李春风幼儿园

TAOLI CHUNFENG KINGDERGARDEN

设计单位：杭州海天环境艺术设计有限公司
设 计 师：郭赞、胡俊敏、姚康荣
建筑面积：3360 ㎡
主要材料：地胶板、木饰面、彩色乳胶漆、灯膜
坐落地点：杭州
完成时间：2017 年 12 月
摄　　影：姚康荣

桃李春风幼儿园位于杭州临安区青山湖畔的蓝城桃李春风小镇，四周山水田园，风光旖旎，也是巧智博仁幼儿园开办的首家位于北京地区以外的园区。幼儿园共分三层，有十二个班级，班级设置分为小班、混龄制班级，另外设有建构室、美术室、音体室等，让每个孩子的才能都能在这里得到最充分的发现和创造。

建构室，主张从日常生活训练着手，丰富的教具，让孩子自发性地主动学习，培养孩子协作、动手能力，探索发现精神，自己建构完善的人格。美术室，通过对视觉、触觉的训练，培养孩子的观察力、分类能力和注意力。生活操作室，丰富的教材与教具，教具是孩子工作的材料，孩子通过"工作"，从自我操作练习中，熟练掌握各项技能。多功能厅，通过柔和的色彩、流线弧度，提供给幼儿园和家长们一个亲子交流平台。卫生间，以孩子身高设计台盆、小便池高度。室内线条圆润，色彩柔和，鼓励和吸引孩子们愉快、自由地参与游戏，从而使孩子们的创造能力、思维能力、语言表达能力等在游戏中得到全面的锻炼和提高，以孩子为中心的设计理念是我们永不变的初衷。

1: 外景
2: 建筑外观
3: 公共活动区
4: 公共活动区

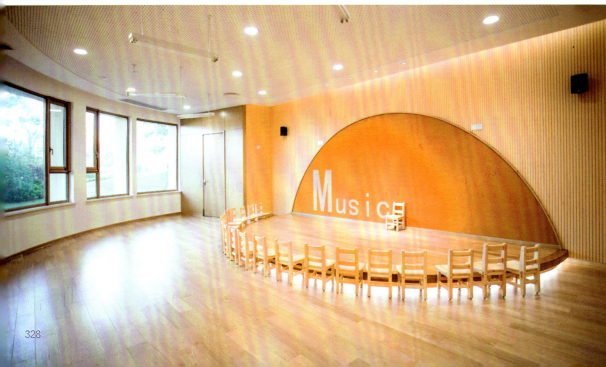

1	4
2	
3	

1：阅览室
2：艺术教室
3：音乐教室
4：教室

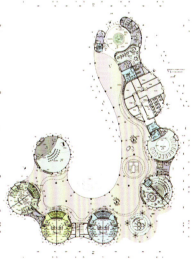
一层平面图

二层平面图

三层平面图

星夜向日葵馆

HALL OF THE STARRY NIGHT & SUNFLOWERS

设计单位：大料建筑
建筑设计：刘阳、孙欣晔、胡摹怀、郑丽梅
结构设计：王春磊
建筑面积：1280 m²
坐落地点：北京
完成时间：2017 年
摄　　影：孙海霆、Vivien Engel、刘阳

这几年，先后看过梵高的《星夜》和几张《向日葵》原画，现场感触并不强，也许是心情不对。而去年的一个改造项目让我对他们似乎又有些新的感受。一座位于北京 CBD 区域的 20 世纪 80 年代轻工业厂房，三层，柱跨 4 到 6 米，园区整个立面系统是隈研吾设计的，以至物业并不允许外观做过多调整。功能上，最开始准备做瑜伽学校，在施工过程中改成了青少年培训机构，然后又要做幼儿园了，再后来是共享办公，而最后其实大家都不知道这里到底是做什么的了。

这段变化过程漫长而突然，技术上的难度无关紧要，其实更多的是大家心理上的矛盾和不安，而这些情绪必然又会反映到设计当中去。所以于我而言，最有趣的便是这个项目成了一段空间日记，审视着自己设计心态上的历程，在迷茫情绪中一直试着寻找宁静的氛围。

1: 入口门厅仰望
2: 外观夜景
3: 入口门厅

1	3	4
2	5	6
	7	8

1: 楼梯
2: 走廊，清冷
3: 光线透过走廊尽头的小门
4: 走廊侧上方天窗
5: 椭圆形大空间
6: 走廊尽头的小窗和椭圆形大空间的入口
7: 三层楼梯口
8: 与椭圆形大空间连接的矩形空间

因为空间布局和施工进度的不断调整，所以慢慢的，设计不得不忽略了整体，而变成单个房间的氛围营造；又因为具体内容的不确定或者遗失，我们便试着把单个房间变得更像是类似"走廊"一样的无用空间，而我觉得恰恰这种空间会更刺激人们的感官体验。就像一个教学用途的有用空间——教室，人们的感官更多是被教学这个事占据着，而楼梯走廊这种没什么内容的空间，人们会空出更多的感官去体悟世界也好，想想自己也罢。而这一大串"无用"空间，我们根据光环境有意或被迫的赋予了两种有些矛盾的空间状态，"炽热和清冷"，就算是以增强戏剧感吧。更关键的是它们之间的连接与对望，我们希望人们无论身何处都能感觉到两种空间状态的并置。而最后出来的结果，确也就像梵高这类主要表达情绪的画作似的，有些矛盾和混乱，但似乎又藏有对疯狂世界的美好幻觉。

就像孤独的向日葵，抑或热情的星夜，在梵高心中，是不是可以获得另外一种安宁呢？我没有答案，但却好奇，在星月下的向日葵们到底在想什么呢？

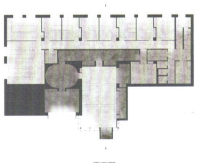

平面图

主编

陈卫新

编委（排名不分先后）

陈耀光、陈南、高蓓、蒲仪军、孙天文、沈雷、叶铮、徐纺、范日桥、王厚然、周红

图书在版编目（CIP）数据

2018 中国室内设计年鉴 / 陈卫新主编 . — 沈阳 : 辽宁科学技术出版社 , 2018.11
ISBN 978-7-5591-0958-3

Ⅰ . ① 2… Ⅱ . ①陈… Ⅲ . ①室内装饰设计 – 中国 – 2018 – 年鉴 Ⅳ . ① TU238-54

中国版本图书馆 CIP 数据核字 (2018) 第 216874 号

出版发行：辽宁科学技术出版社
　　　　　（地址：沈阳市和平区十一纬路 25 号 邮编：110003）
印 刷 者：上海利丰雅高印刷有限公司
经 销 者：各地新华书店
幅面尺寸：230mm×300mm
印　　张：84
插　　页：8
字　　数：800 千字
出版时间：2018 年 11 月第 1 版
印刷时间：2018 年 11 月第 1 次印刷
责任编辑：杜丙旭
封面设计：上加上设计
版式设计：红色源设计机构
责任校对：周 文

书　　号：978-7-5591-0958-3
定　　价：618.00 元（1、2 册）

联系电话：024-23284360
邮购热线：024-23284502
http://www.lnkj.com.cn